바닷
물고기
나들이도감

세밀화로 그린 보리 산들바다 도감

바닷물고기 나들이도감

그림 조광현

글 명정구

편집 김종현, 정진이

디자인 이안디자인

기획실 김소영, 김용란

제작 심준엽

영업 나길훈, 안명선, 양병희

독자 사업(잡지) 김빛나래, 정영지

새사업팀 조서연

경영 지원 신종호, 임혜정, 한선희

분해와 출력·인쇄 (주)로얄프로세스

제본 (주)상지사 P&B

1판 1쇄 펴낸 날 2016년 1월 20일 | **1판 7쇄 펴낸 날** 2023년 4월 20일

펴낸이 유문숙

펴낸 곳 (주) 도서출판 보리

출판등록 1991년 8월 6일 제 9-279호

주소 경기도 파주시 직지길 492 우편번호 10881

전화 (031)955-3535 / **전송** (031)950-9501

누리집 www.boribook.com **전자우편** bori@boribook.com

ⓒ 조광현, 명정구, 보리 2016

값 12,000원

보리는 나무 한 그루를 베어 낼 가치가 있는지 생각하며 책을 만듭니다.

ISBN 978-89-8428-907-9 06470 978-89-8428-890-4 (세트)
이 도서의 국립중앙도서관 출판시도서목록(CIP)은 서지정보유통지원시스템 홈페이지
(http://seoji.nl.go.kr)와 국가자료공동목록시스템(http://www.nl.go.kr/kolisnet)에서
이용하실 수 있습니다. (CIP 제어번호 : CIP2015035521)

세밀화로 그린 보리 산들바다 도감

우리 바다에 사는 바닷물고기 130종

바닷
물고기
나들이도감

그림 조광현 | 글 명정구

🌸 보리

일러두기

1. 아이부터 어른까지 함께 볼 수 있도록 쉽게 썼다.

2. 이 책에는 우리나라에 사는 바닷물고기 130종이 실려 있다.

3. 이 책은 크게 동해, 서해, 남해, 제주 바다 물고기로 나누었다. 각 바다 안에서는 바닷물고기를 가나다 차례로 실었다.

4. '그림으로 찾아보기'는 바닷물고기를 같은 무리끼리 한눈에 알아보도록 분류 차례로 실었다.

5. 물고기 이름과 학명, 분류는 저자 의견을 따르고 《한국어도보》(정문기, 일지사, 1977)와 《한국어류대도감》(김익수 외, 교학사, 2005)을 참고했다.

6. 북녘 이름은 《조선의 어류》(최여구, 과학원출판사, 1964), 《동물원색도감》(과학백과사전출판사, 1982), 《조선동물지 어류편(1, 2)》(과학기술출판사, 2006)을 참고했다.

7. 과명에 사이시옷은 적용하지 않았다.

8. 맞춤법과 띄어쓰기는 《표준국어대사전》을 따랐다.

9. 몸길이는 주둥이 끝에서 꼬리자루까지 길이다. 꼬리지느러미는 길이에 넣지 않았다.

몸길이

10. 본문 보기

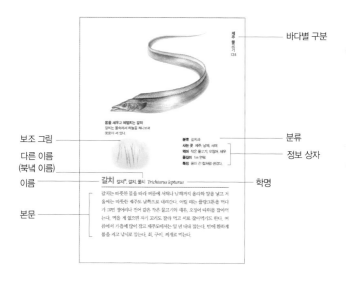

바다별 구분

보조 그림

다른 이름
(북녘 이름)

이름

본문

분류

정보 상자

학명

제주
물고기
125

몸을 세우고 헤엄치는 갈치
갈치는 물속에서 하늘을 쳐다보고
꼿꼿이 서 있다.

분류 갈치과
사는 곳 제주·남해·서해
먹이 작은 물고기, 오징어, 새우
몸길이 1m 안팎
특징 몸이 긴 칼처럼 생겼다.

갈치 갈치*, 갈치, 풀치 *Trichiurus lepturus*

갈치는 따뜻한 물을 따라 여름에 서해나 남해까지 올라와 알을 낳고 겨울에는 따뜻한 제주도 남쪽으로 내려간다. 어릴 때는 플랑크톤을 먹다가 크면 청어처럼 전어 같은 작은 물고기가 새우, 오징어 따위를 잡아먹는다. 먹을 게 없으면 자기 꼬리도 잘라 먹고 서로 잡아먹기도 한다. 머리에서 가을에 많이 잡고 제주도에서는 일 년 내내 잡는다. 밤에 환하게 불을 켜고 낚시로 잡는다. 회, 구이, 찌개로 먹는다.

바닷
물고기
나들이도감

그림으로 찾아보기

- 분류 차례로 찾아보기

학공치과
학공치 남해

달고기과
민달고기 남해
달고기 남해

양미리과
양미리 동해

큰가시고기과
큰가시고기 동해

실고기과
해마 남해

양볼락과
미역치 남해
쑤기미 남해
쏠배감펭 제주
볼락 남해
조피볼락 서해
쏨뱅이 제주

성대과
성대 남해

양태과
양태 서해

쥐노래미과
쥐노래미 서해
임연수어 동해

삼세기과
삼세기 남해

도치과
뚝지 동해

꼼치과
꼼치 동해

농어과
농어 남해

반딧불게르치과
돗돔 남해

바리과
붉바리 제주
자바리 제주
능성어 남해
다금바리 제주

동갈돔과
줄도화돔 제주

옥돔과
옥돔 제주

빨판상어과
빨판상어 제주

전갱이과
방어 남해
전갱이 남해

하스돔과
동갈돗돔 서해

도미과
감성돔 남해
참돔 남해

민어과
민태 서해
부세 서해
참조기 서해
민어 서해
수조기 서해
보구치 서해

나비고기과
나비고기 제주
세동가리돔 제주
두동가리돔 제주

청줄돔과
청줄돔 제주

황줄깜정이과
벵에돔 남해

돌돔과
돌돔 남해
강담돔 남해

망상어과
망상어 남해

자리돔과
흰동가리 제주
노랑자리돔 제주
연무자리돔 제주
자리돔 제주
샛별돔 제주
파랑돔 제주

놀래기과
용치놀래기 제주
청줄청소놀래기 제주
황놀래기 제주
어렝놀래기 제주
혹돔 동해

황줄베도라치과
베도라치 남해

도루묵과
도루묵 동해

까나리과
까나리 동해

망둑어과
문절망둑 서해
짱뚱어 서해
말뚝망둥어 서해
풀망둑 서해

독가시치과
독가시치 제주

깃대돔과
깃대돔 제주

갈치과
갈치 제주

고등어과
가다랑어 남해
고등어 남해
삼치 남해
황다랑어 남해
참다랑어 남해

황새치과
돛새치 제주
청새치 제주

병어과
병어 서해

넙치과
넙치 서해

가자미과
돌가자미 서해
참가자미 동해
문치가자미 남해
도다리 동해

쥐치과
객주리 남해
쥐치 남해
말쥐치 남해

거북복과
거북복 제주

참복과
참복 서해
복섬 동해
황복 서해
자주복 동해
까치복 동해

가시복과
가시복 제주

개복치과
개복치 동해

그림으로 찾아보기

칠성장어과 칠성장어 46 동해

꾀장어과 먹장어 97 남해

고래상어과 고래상어 127 제주

두툽상어과 두툽상어 58 서해

까치상어과 까치상어 54 서해

귀상어과 귀상어 129 제주

돌묵상어과 돌묵상어 135 제주

악상어과 백상아리 63 서해

악상어과 청상아리 154 제주

톱상어과 톱상어 158 제주

전기가오리과 전기가오리 115 남해

홍어과 참홍어 79 서해

매가오리과 쥐가오리 153 제주

색가오리과 노랑가오리 89 남해

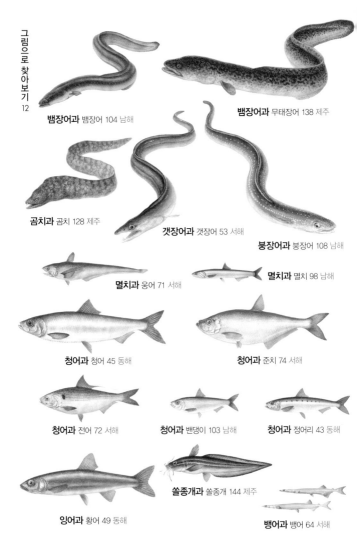

뱀장어과 뱀장어 104 남해

뱀장어과 무태장어 138 제주

곰치과 곰치 128 제주

갯장어과 갯장어 53 서해

붕장어과 붕장어 108 남해

멸치과 웅어 71 서해

멸치과 멸치 98 남해

청어과 청어 45 동해

청어과 준치 74 서해

청어과 전어 72 서해

청어과 밴댕이 103 남해

청어과 정어리 43 동해

잉어과 황어 49 동해

쏠종개과 쏠종개 144 제주

뱅어과 뱅어 64 서해

연어과 연어 40 동해

연어과 송어 38 동해

대구과 대구 32 동해

대구과 명태 36 동해

아귀과 아귀 113 남해

숭어과 가숭어 52 서해

숭어과 숭어 69 서해

꽁치과 꽁치 30 동해

날치과 날치 31 동해

학공치과 학공치 119 남해

달고기과 달고기 92 남해

달고기과 민달고기 101 남해

양미리과 양미리 39 동해

큰가시고기과 큰가시고기 47 동해

실고기과 해마 120 남해

양볼락과 미역치 100 남해

양볼락과 쏠배감펭 143 제주

양볼락과 쑤기미 112 남해

양볼락과 볼락 107 남해

양볼락과 조피볼락 73 서해

양볼락과 쏨뱅이 145 제주

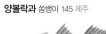

성대과 성대 111 남해

양태과 양태 70 서해

쥐노래미과 쥐노래미 75 서해

쥐노래미과 임연수어 41 동해

삼세기과 삼세기 109 남해

도치과 뚝지 35 동해

꼼치과 꼼치 29 동해

농어과 농어 90 남해

반딧불게르치과 돗돔 94 남해

바리과 붉바리 139 제주

바리과 자바리 151 제주

바리과 능성어 91 남해

바리과 다금바리 133 제주

동갈돔과 줄도화돔 152 제주

옥돔과 옥돔 148 제주

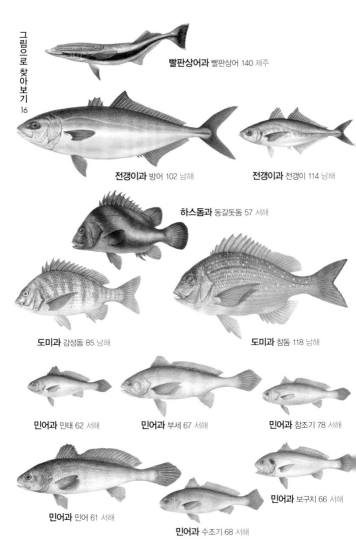

빨판상어과 **빨판상어** 140 제주

전갱이과 방어 102 남해

전갱이과 전갱이 114 남해

하스돔과 동갈돗돔 57 서해

도미과 감성돔 85 남해

도미과 참돔 118 남해

민어과 민태 62 서해

민어과 부세 67 서해

민어과 참조기 78 서해

민어과 민어 61 서해

민어과 수조기 68 서해

민어과 보구치 66 서해

나비고기과 나비고기 131 제주

나비고기과 세동가리돔 142 제주

나비고기과 두동가리돔 137 제주

청줄돔과 청줄돔 156 제주

황줄깜정이과 벵에돔 106 남해

돌돔과 돌돔 93 남해

돌돔과 강담돔 86 남해

망상어과 망상어 96 남해

자리돔과 흰동가리 161 제주

자리돔과 노랑자리돔 132 제주

자리돔과 자리돔 150 제주

자리돔과 샛별돔 141 제주

자리돔과 연무자리돔 147 제주

자리돔과 파랑돔 159 제주

수컷

암컷

놀래기과 용치놀래기 149 제주

놀래기과 청줄청소놀래기 157 제주

수컷

암컷

놀래기과 어렝놀래기 146 제주

수컷

암컷

놀래기과 황놀래기 160 제주

황줄베도라치과 베도라치 105 남해

놀래기과 혹돔 48 동해

까나리과 까나리 27 동해

도루묵과 도루묵 34 동해

망둑어과 말뚝망둥어 59 서해

망둑어과 문절망둑 60 서해

망둑어과 짱뚱어 76 서해

망둑어과 풀망둑 80 서해

독가시치과 독가시치 134 제주

깃대돔과 깃대돔 130 제주

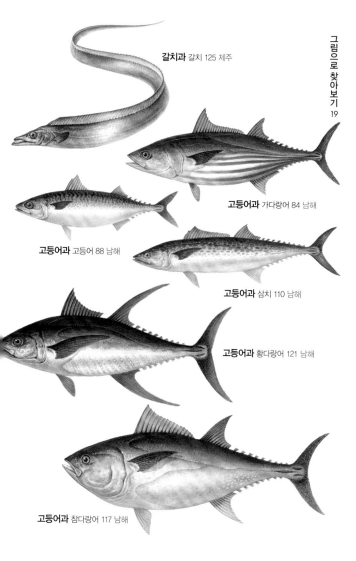

갈치과 갈치 125 제주

고등어과 가다랑어 84 남해

고등어과 고등어 88 남해

고등어과 삼치 110 남해

고등어과 황다랑어 121 남해

고등어과 참다랑어 117 남해

황새치과 돛새치 136 제주

황새치과 청새치 155 제주

병어과 병어 65 서해

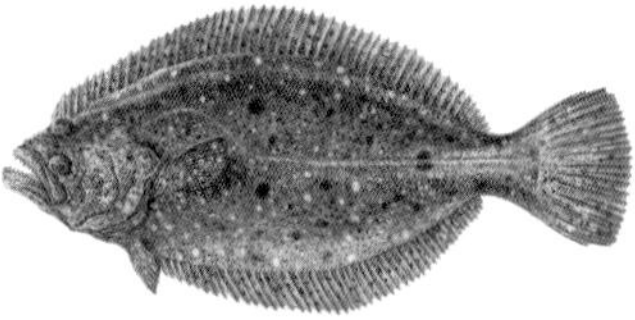

넙치과 넙치 55 서해

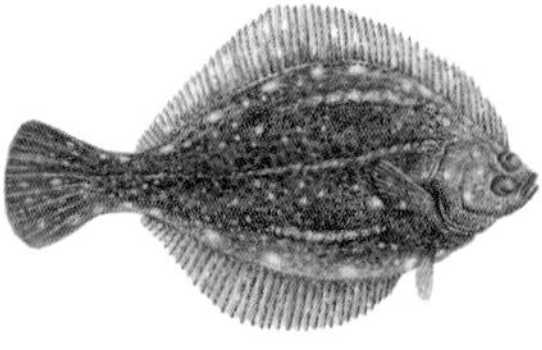

가자미과 돌가자미 56 서해

가자미과 참가자미 44 동해

가자미과 문치가자미 99 남해

가자미과 도다리 33 동해

쥐치과 객주리 87 남해

쥐치과 쥐치 116 남해

쥐치과 말쥐치 95 남해

거북복과 거북복 126 제주

참복과 참복 77 서해

참복과 복섬 37 동해

참복과 황복 81 서해

참복과 자주복 42 동해

참복과 까치복 28 동해

개복치과 개복치 26 동해

가시복과 가시복 124 제주

우리 바다 물고기

동해 물고기

개복치는 물결이 잔잔한 날에 물낮으로
올라와 옆으로 드러눕는다.

분류 개복치과
사는 곳 동해, 남해, 서해
먹이 작은 물고기, 새우, 해파리 따위
몸길이 4m
특징 가끔 물낮에 옆으로 누워 쉰다.

개복치 골복짱이 *Mola mola*

개복치는 먼바다에서 산다. 물낮에서 바닷속 200~450m쯤 되는 깊이
까지 살면서 플랑크톤이나 해파리나 오징어나 작은 물고기 따위를 잡아
먹는다. 무리를 짓지 않고 혼자 다닌다. 느릿느릿 헤엄치고 등지느러미
를 돛처럼 물 밖으로 내놓고 헤엄치기도 한다. 햇살 좋은 날에는 물낮에
발라당 누워 쉰다. 몸이 둔해서 범고래나 바다사자에게 곧잘 잡아먹힌
다. 물고기 가운데 알을 가장 많이 낳아서 한 번에 1억 개 넘게 낳는다.
이십 년쯤 산다.

모래 속에 숨은 까나리
까나리는 조금만 겁이 나도 모래
속으로 쏙쏙 잘 숨는다.

분류 까나리과
사는 곳 동해, 서해, 남해
먹이 플랑크톤, 작은 동물, 물풀
몸길이 5~15cm
특징 모래 속에 잘 숨는다.

까나리 양미리, 곡멸, 꽁멸, 솔멸 *Ammodytes personatus*

까나리는 모래가 깔린 바닥에 떼 지어 산다. 맑고 차가운 물을 좋아한
다. 날씨가 사납거나 밤이 되거나 자기보다 큰 물고기가 다가와 겁이 날
때 모래 속에 곧잘 들어가 숨는다. 물이 따뜻해지면 모래 속에서 여름
잠을 자다가 가을에 깨어난다. 물에 떠다니는 플랑크톤이나 작은 동물
을 잡아먹고, 물풀도 뜯어 먹는다. 서해에서는 작은 까나리를 잡아서
액젓이나 젓갈을 담그고 말려서 먹는다. 동해에서는 겨울에 잡아서 꾸
덕꾸덕 말려 구워 먹는다.

분류 참복과
사는 곳 온 바다
먹이 게, 새우, 오징어, 작은 물고기 따위
몸길이 60cm
특징 몸 무늬가 까치를 닮았다.

까치복 까치복아지^북 *Takifugu xanthopterus*

까치복은 따뜻한 물을 좋아한다. 어른 팔뚝만큼 크고, 헤엄을 꽤 잘 쳐서 멀리까지 돌아다닌다. 이빨이 튼튼해서 새우나 게나 조개도 씹어 먹고, 오징어나 작은 물고기도 잡아먹는다. 납작한 앞니로 바위에 붙은 생물을 뜯어 먹기도 한다. 다른 복어처럼 위험하면 배를 빵빵하게 부풀린다. 낚시나 그물로 잡는다. 알과 간에 아주 강한 독이 있고 창자에도 약한 독이 있다. 정소, 껍질, 살에는 독이 없다. 탕이나 회, 찜, 수육으로 먹는다.

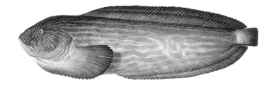

빨판
꼼치는 배지느러미에 빨판이 있다.
바닥에 찰싹 달라붙어 있기를 좋아한다.

분류 꼼치과
사는 곳 동해, 남해, 서해
먹이 작은 새우, 조개, 물고기
몸길이 40~50cm
특징 몸이 흐물흐물하다.

꼼치 물메기, 물곰 *Liparis tanakae*

꼼치는 강에 사는 메기를 닮았다고 '물메기'라고도 한다. 살이 두부처
럼 뭉컹뭉컹하고 흐늘흐늘하다. 배지느러미에 빨판이 있어서 바닥에 질
붙어 있다. 헤엄을 치기보다 바다 밑바닥에 배를 대고 둥싯둥싯 돌아다
닌다. 작은 새우나 조개나 물고기 따위를 잡아먹는다. 한 해쯤 살고 알
을 낳으면 죽는다. 알을 낳으러 얕은 바다로 몰려나올 때 통발로 많이
잡는다. 탕을 끓여 먹거나 꾸덕꾸덕 말려서 굽거나 쪄 먹는다.

꽁치는 둥그런 알 덩어리를 바닷말에
붙여 낳는다.

분류 꽁치과
사는 곳 동해, 남해
먹이 플랑크톤, 새우, 새끼 물고기
몸길이 30cm
특징 떼로 몰려다닌다.

꽁치 공치^북, 청갈치 *Cololabis saira*

꽁치는 겨울에 제주도 남쪽까지 내려갔다가 봄이 되면 따뜻한 물을 따라 올라온다. 물낯 가까이에서 떼로 우르르 몰려다닌다. 큰 물고기한테 쫓길 때는 화살처럼 물 위로 날아오른다. 낮에 돌아다니면서 작은 새우나 물고기 알이나 새끼 물고기를 잡아먹는다. 봄이 되면 동해 바닷가로 잔뜩 몰려와서 물에 떠 있는 모자반 같은 바닷말에 알을 낳는다. 이때 그물이나 손으로 잡아서 회, 구이, 통조림으로 먹는다. 꾸덕꾸덕 말린 꽁치를 '과메기'라고 한다.

상날치　　　　날치

상날치는 가슴지느러미와 배지느러미가 다 펴진다.

분류 날치과
사는 곳 동해, 남해
먹이 플랑크톤, 새우 따위
몸길이 35cm
특징 물 위를 난다.

날치 날치고기 *Cypselurus agoo*

날치는 여름에 동해 위쪽까지 올라왔다가 추워지면 다시 제주도 남쪽 바다로 내려간다. 물낯 가까이에서 떼로 헤엄쳐 다니고 물속 깊게는 안 들어간다. 물 위로 펄쩍 뛰어올라 커다란 가슴지느러미를 펴고 몇십 미터를 난다. 꼬리를 물에 담그고 지그재그 노 젓듯이 움직이면서 물수제 비를 뜨며 날기도 한다. 밤에 배를 타고 나가 환하게 불을 밝히면 떼로 몰려드는데 이때 그물로 잡는다. 구이나 탕으로 먹고 날치 알로는 주먹 밥이나 초밥을 만든다.

대구 수염
대구는 명태처럼 턱에 짧은 수염이
한 가닥 나 있다.

분류 대구과
사는 곳 동해, 서해
먹이 새우, 작은 물고기, 오징어, 게 따위
몸길이 100cm
특징 입이 크다고 대구다.

대구 보령대구, 알쟁이대구 *Gadus macrocephalus*

입이 크다고 이름이 '대구'다. 차가운 물을 좋아하고 물속 200~300m
깊은 바다에서 산다. 물 밑바닥에서 떼 지어 살면서 작은 물고기나 새우
따위를 닥치는 대로 잡아먹는다. 바닥에 깔린 돌멩이까지 꿀꺽꿀꺽 삼
킨다. 한겨울에 알을 낳으러 깊은 바다에서 올라온다. 이때 그물로 잡는
다. 맛이 좋아서 옛날부터 사람들이 많이 잡았다. 탕, 구이로 먹고 말려
서 포를 만든다. 알, 내장은 젓갈을 담그고, 머리는 찜을 찌거나 탕을 끓
인다. 대구 간에서 기름을 짜내 약을 만든다.

분류 가자미과
사는 곳 온 바다
먹이 물고기, 조개, 게, 새우 따위
몸길이 30cm쯤
특징 몸이 마름모꼴이다.

도다리 *Pleuronichthys cornutus*

도다리는 다른 가자미와 달리 몸이 마름모꼴이고 두 눈 사이에 돌기가 있다. 우리나라 어느 바다에나 산다. 물 깊이가 100m 안쪽인 바닥에 파 묻혀 살면서 물고기나 작은 조개나 게, 갯지렁이, 새우 따위를 잡아먹는 다. 늦가을부터 이듬해 봄까지 짝짓기를 하고 알을 낳는다. 서해에 사는 도다리는 겨울이 되면 제주도 서쪽 바다로 내려가 겨울을 난다. 그물이 나 낚시로 잡는데 봄이 제철이다. 회, 구이, 탕으로 먹는다. 요즘에는 수 가 많이 줄어서 보기 힘들다.

도루묵 알
도루묵 알은 둥그렇게 덩어리져서
바닷말에 붙는다.

분류 도루묵과
사는 곳 동해
먹이 작은 멸치, 명태 알, 플랑크톤
몸길이 20~30cm
특징 겨울에 바닷가로 몰려와 알을 낳는다.

도루묵 도루메기^북, 도루묵이 *Arctoscopus japonicus*

도루묵은 찬물을 좋아한다. 물속 200~350m 깊은 바다 밑 모랫바닥에서 산다. 낮에는 모랫바닥에 몸을 파묻고 있다가 아침저녁에 나와 돌아다닌다. 작은 멸치나 새우 따위를 잡아먹고 바닷말을 뜯어 먹는다. 겨울이 되면 바닷말이 수북이 자란 얕은 바닷가로 떼 지어 몰려와서 알을 낳는다. 사람들은 겨울철에 알이 밴 도루묵을 잡는다. 도루묵은 비린내가 안 난다. 자박자박 조려 먹거나 매운탕을 끓이거나 굵은 소금을 뿌려 구워 먹는다.

빨판
뚝지는 배에 빨판이 있어서 돌이나
바위에 딱 붙는다.

분류 도치과
사는 곳 동해
먹이 플랑크톤, 해파리
몸길이 35cm
특징 물속 바위에 딱 붙어산다.

뚝지 도치^북, 씬퉁이, 멍텅구리 *Aptocyclus ventricosus*

뚝지는 찬물을 좋아하고 물속 100~200m 깊이에서 산다. 몸이 둥실둥실하고 살도 물컹물컹하다. 거디린 올챙이처럼 생겼다. 누가 긴들면 몸을 더 크게 부풀린다. 배에 동그란 빨판이 있어서 물속 바위에 딱 붙어 있다가 먹이를 잡을 때는 헤엄쳐 다닌다. 겨울철에 알을 낳으러 동해 바닷가로 온다. 예전에는 징그럽게 생겼다고 안 잡았는데 지금은 겨울에 그물로 잡는다. 하얀 살이 담백해서 회로도 먹고 탕도 끓여 먹는다.

분류 대구과
사는 곳 동해
먹이 새우, 오징어, 작은 물고기 따위
몸길이 90cm
특징 등지느러미가 세 개다.

명태 북어, 동태, 선태 *Theragra chalcogramma*

명태는 차가운 물을 좋아한다. 여름에는 추운 북쪽으로 올라가거나 바다 깊이 들어간다. 물 깊이가 100~400m쯤 되는 깊은 바닷속을 떼로 몰려다닌다. 대구가 물 밑바닥에서 산다면 명태는 그보다 위쪽에서 산다. 겨울이 되면 알을 낳으러 동해 바닷가로 몰려온다. 이때 그물로 잡는다. 싱싱한 생태로 탕을 끓이고, 바짝 말린 북어로는 북엇국을 끓인다. 꾸덕꾸덕 말린 황태로는 찜을 쪄 먹는다. 명태 알로 명란젓을 담그고 살로 어묵을 만든다.

분류 참복과
사는 곳 동해, 남해, 제주
먹이 게, 갯지렁이, 조개 따위
몸길이 10〜15cm
특징 몸집이 가장 작은 복어다.

복섬 쫄복, 졸복 *Takifugu niphobles*

복섬은 복어 무리 가운데 몸집이 가장 작아서 10cm쯤 된다. 그래서 사람들은 복어 새끼인 줄 안다. 여름철에 바닷가에서 쉽게 볼 수 있다. 낮에는 이리저리 잘 돌아다니다가 밤에는 바닥에 앉거나 아예 모래 속에 들어가 잠을 잔다. 이빨이 아주 튼튼해서 게나 조개 따위도 부숴 먹을 수 있다. 알과 간에는 아주 센 독이 있고 껍질에도 센 독이 있다. 근육과 정소에도 약한 독이 있다. 함부로 먹으면 안 된다. 경상도 통영에서는 복국을 끓여 먹는다.

산천어
송어가 바다로 안 내려가고 강에서
내내 살면 '산천어' 라고 한다.

분류 연어과
사는 곳 동해
먹이 작은 새우, 게 따위
몸길이 70~80cm
특징 강을 거슬러 올라간다.

송어 시마연어 *Oncorhynchus masou*

송어는 연어처럼 바다에서 살다가 강을 거슬러 올라온다. 여름철에 강물이 불 때 강을 거슬러 올라와 가을에 짝짓기를 하고 알을 낳는다. 짝짓기 철이면 암컷과 수컷 몸빛이 울긋불긋하게 바뀌고 수컷 주둥이가 갈고리처럼 휘어진다. 알을 낳고 나면 어른 물고기는 모두 죽는다. 알에서 깨어난 새끼는 두 해쯤 강에서 산다. 그리고 바다로 내려가서 서너 해를 살다가 다시 강을 거슬러 올라온다. 강으로 올라올 때 잡아서 회나 구이로 먹는다.

양미리 알
양미리는 바닷말이나 돌에 알을 붙여
낳는다. 수컷이 곁에서 알을 지킨다.

분류 양미리과
사는 곳 동해
먹이 작은 게, 새우, 플랑크톤
몸길이 9cm
특징 모래 속에 잘 숨는다.

양미리 *Hypoptichus dybowskii*

까나리와 양미리는 생김새는 닮았지만 등지느러미 생김새가 다르다. 까나리는 등지느러미가 등을 따라 길쭉하고, 양미리는 등 뒤쪽에 삼각형으로 짧게 솟았다. 뒷지느러미도 등지느러미를 마주보고 똑같이 아래로 솟았다. 양미리가 까나리보다 작다. 동해에서만 살고 까나리처럼 모래 속에 잘 숨는다. 바닷가 가까운 곳에서 무리를 지어 살다가 봄여름에 알을 낳으러 바닷가로 온다. 알을 낳으면 수컷이 곁을 지킨다. 겨울이 제철이다. 구이, 조림, 찌개로 먹는다.

혼인색
연어는 알 낳을 때가 되면 몸빛이
울긋불긋하게 바뀐다.

암컷

수컷

분류 연어과
사는 곳 동해, 남해
먹이 작은 새우나 물고기 따위
몸길이 40~90cm
특징 알을 낳으러 강으로 되돌아온다.

연어 련어^북 *Oncorhynchus keta*

연어는 강과 바다를 오가며 산다. 찬물을 따라 러시아를 거쳐 알래스카, 캐나다, 미국 캘리포니아 북쪽 바닷가까지 갔다가 되돌아온다. 떼로 헤엄쳐 다니면서 3~5년을 바다에서 지내다가 산에 울긋불긋 단풍이 드는 가을에 자기가 태어난 강으로 몰려온다. 알 낳을 때는 몸빛이 빨갛게 바뀐다. 강 윗물까지 올라가 알을 낳으면 어른 물고기는 모두 죽는다. 알에서 깨어난 새끼는 바다로 나가 산다. 강을 거슬러 올라올 때 잡아 회나 구이로 먹는다.

혼인색
짝짓기 때면 수컷 몸빛이
파르스름해진다.

분류 쥐노래미과
사는 곳 동해
먹이 작은 물고기, 오징어, 새우 따위
몸길이 40~60cm
특징 임연수라는 어부 이름을 붙였다.

임연수어 이민수, 새치 *Pleurogrammus azonus*

임연수어는 물 깊이가 150~200m쯤 되는 깊고 차가운 물에서 산다. 정어리, 선생이, 고등어, 새끼 명태 같은 물고기나 물고기 알, 오징어, 새우, 게, 곤쟁이, 바닥에 기어 다니는 여러 동물들을 가리지 않고 먹는다. 겨울이 되면 얕은 바다로 떼로 몰려와 바위나 돌 틈에 여러 번 알을 낳는다. 알은 둥그렇게 덩어리지고, 수컷이 곁에서 알을 지킨다. 알을 낳으러 오는 겨울에 그물이나 낚시로 잡는다. 살도 맛있지만 껍질도 맛이 좋다.

부푼 배
복어는 화가 나거나 누가 건드리면 물을
잔뜩 들이켜서 배를 풍선처럼 부풀린다.

분류 참복과
사는 곳 온 바다
먹이 새우, 게, 작은 물고기
몸길이 30∼40cm
특징 복어 가운데 으뜸으로 친다.

자주복 검복 *Takifugu rubripes*

자주복은 봄에 알을 낳으러 바닷가로 몰려온다. 여름이 오기 전에 앞바
다로 다시 나갔다가 겨울이 되면 제주도 남쪽까지 내려가서 겨울을 난
다. 헤엄치기보다 모래나 펄 바닥에 몸을 파묻고 있기를 좋아한다. 물이
차가워지면 아예 밥을 안 먹고 모래 속에 들어가 잠을 잔다. 복어 가운
데 맛을 으뜸으로 친다. 하지만 난소와 간에 강한 독이 있다. 잘못 먹으
면 사람이 죽을 수도 있다.

분류 청어과
사는 곳 동해, 남해, 제주
먹이 플랑크톤
몸길이 20~25cm
특징 수십만 마리가 떼로 몰려다닌다.

정어리 눈치, 징어리 *Sardinops melanostictus*

정어리는 따뜻한 물을 좋아한다. 겨울에는 제주도 동남쪽 바다에서 지내다가 봄부터 따뜻한 물을 따라 남해를 거쳐 동해로 올라온다. 수십만 마리가 서로 간격을 딱딱 잘 맞춰서 마치 한 몸처럼 이리저리 방향을 바꾸며 헤엄쳐 다닌다. 고등어나 가다랑어나 방어 같은 커다란 물고기뿐만 아니라 고래나 물개 같은 바다짐승이 정어리 떼를 쫓아다니며 잡아먹는다. 떼로 몰려올 때 그물로 잡는다. 구워 먹거나 젓갈을 담그거나 기름을 짠다.

참가자미 눈 없는 쪽
눈 없는 쪽은 하얗다. 등과 배 가장자리를
따라 노란 줄이 꼬리까지 나 있다.

분류 가자미과
사는 곳 동해, 남해, 서해
먹이 새우, 플랑크톤, 물고기, 갯지렁이
몸길이 50cm
특징 앞에서 보면 눈이 오른쪽으로 쏠렸다.

참가자미 참가재미^북, 가재미 *Pleuronectes herzensteini*

참가자미는 넙치랑 똑 닮았다. 넙치처럼 두 눈이 한쪽으로 쏠려 있다.
앞에서 봤을 때 눈이 오른쪽으로 쏠리면 가자미고, 왼쪽으로 쏠리면
넙치다. 눈과 코만 한쪽으로 쏠렸을 뿐 다른 기관은 모두 양쪽으로 마
주 놓였다. 물 깊이가 150m 안쪽인 모래나 진흙 바닥에 파묻혀 눈만 빠
끔 내놓고 있다가 새우나 갯지렁이나 조개나 게 따위를 잡아먹는다.
10~12월에 그물이나 낚시로 잡는다. 회, 탕, 구이로 먹는다. 또 꾸덕꾸
덕 말리거나 가자미식해를 만든다.

분류 청어과
사는 곳 동해, 서해
먹이 갯지렁이, 물고기 알, 작은 물고기
몸길이 35cm 안팎
특징 몸이 파랗다고 이름이 '청어'다.

청어 등어 *Clupea pallasii*

청어는 동해에 많이 살고 서해에도 산다. 찬물을 따라 떼로 몰려다닌다.
서해 청어는 겨울이 되면 발해만 북쪽 바다에서 남쪽으로 몰려와 겨울
을 난다. 봄이 되면 다시 북쪽으로 올라간다. 동해 청어는 깊고 차가운
바닷속에서 흩어져 산다. 정월부터 이른 봄까지 알을 낳으러 얕은 바닷
가로 떼 지어 몰려온다. 이때 그물로 잡는다. 구워도 먹고 꾸덕꾸덕 말
려서도 먹는다. 말린 청어와 말린 꽁치를 '과메기'라고 하는데, 요즘에
는 청어가 잘 안 잡혀서 꽁치로 많이 만든다.

칠성장어 입
입이 빨판처럼 동그랗고 이빨이 박혀 있다.

분류 칠성장어과
사는 곳 동해
먹이 물고기
몸길이 40~50cm
특징 다른 물고기에 붙어 살을 파먹는다.

칠성장어 다묵장어 *Lethenteron japonicus*

몸에 구멍이 일곱 개 나 있다고 '칠성장어'다. 구멍은 숨을 쉬는 아가미 구멍이다. 바다에서 살다가 강을 거슬러 올라와 알을 낳는다. 알에서 깨어난 새끼는 서너 해쯤 강에서 살다가 바다로 내려간다. 바다에서 다른 물고기에 착 달라붙어 살갗을 갉아 먹고 피를 빨아 먹는다. 또 죽은 물고기를 말끔히 먹어 치워서 바다 청소부 노릇을 한다. 동해로 흐르는 강에서 볼 수 있다. 지금은 수가 많이 줄어서 함부로 잡으면 안 된다.

혼인색
수컷은 짝짓기 때가 되면 몸빛이
발그스름해진다.

분류 큰가시고기과
사는 곳 동해, 동해로 흐르는 강
먹이 플랑크톤, 새끼 물고기, 새우
몸길이 10cm
특징 새 둥지 같은 집을 짓는다.

큰가시고기 *Gasterosteus aculeatus*

등에 큰 가시가 났다고 '큰가시고기'다. 등지느러미가 가시처럼 바뀌었
다. 동해와 동해로 흐르는 강에서 산다. 강어귀나 바닷가에서 떼로 몰
려다니며 살다가 삼사월 진달래꽃 필 무렵에 강을 거슬러 올라온다. 가
시고기는 집을 짓는 물고기다. 봄부터 여름 사이에 수컷이 새 둥지처럼
생긴 집을 짓고 암컷을 데려와 집 안에 알을 낳는다. 알을 낳으면 암컷
은 떠나고 수컷만 남아서 알을 지킨다. 새끼가 깨어나면 수컷은 죽는다.
새끼는 바다로 내려가 산다.

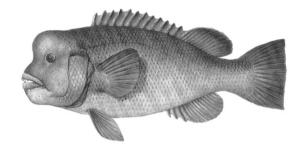

혹돔 암수
크면서 수컷 머리에 사과만 한
혹이 튀어나온다.

암컷

수컷

분류 놀래기과
사는 곳 울릉도와 독도, 남해, 제주
먹이 전복, 소라, 새우, 게
몸길이 1m
특징 수컷 머리에 혹이 난다.

혹돔 엥이, 웽이, 혹도미 *Semicossyphus reticulatus*

혹돔은 따뜻한 물을 좋아한다. 물 깊이가 20~30m쯤 되는 바위 밭에서 산다. 멀리 안 돌아다니고 바위틈이나 굴을 제집 삼아 산다. 낮에 나와서 어슬렁거리며 먹이를 찾는다. 턱 힘이 세고 이빨이 아주 굵고 강해서 껍데기가 딱딱한 소라나 고둥이나 전복, 가시가 삐쭉빼쭉 난 성게도 깨서 속살을 빼 먹는다. 밤에는 굴로 돌아와 쉰다. 여름과 가을철에 낚시로 잡아 회를 뜨거나 매운탕을 끓여 먹는다. 이름은 돔이지만 놀래기 무리에 드는 물고기다.

바다에 살 때 몸빛
황어는 몸빛이 푸르스름하다가 알 낳을 때가
되면 누렇게 바뀌고 몸 옆으로 검은 띠가 쭉
나타난다.

분류 잉어과
사는 곳 동해, 남해
먹이 물벌레, 플랑크톤, 작은 물고기 따위
몸길이 40~50cm
특징 알을 낳으려 강을 거슬러 올라간다.

황어 황사리, 밀하 *Tribolodon hakonensis*

황어는 연어처럼 강에서 깨어나 바다로 내려가 산다. 하지만 연어처럼 멀리 돌아다니지 않고 강어귀나 가까운 바닷가에서 산다. 강에서 깨어난 새끼는 물벌레나 그 알을 먹으며 큰다. 4~6cm쯤 크면 바다로 내려가 플랑크톤이나 작은 물고기 따위를 잡아먹는다. 어른이 되면 봄에 떼를 지어 모래와 자갈이 깔린 강줄기 윗물까지 거슬러 올라와 알을 낳는다. 이때 그물로 잡거나 한겨울에 배를 타고 나가 낚시로 잡는다. 회를 뜨거나 매운탕을 끓여 먹는다.

서해 물고기

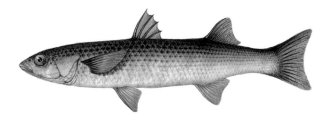

가숭어는 숭어처럼 물 위로 펄쩍펄쩍
잘 뛰어오른다.

분류 숭어과
사는 곳 서해, 동해, 남해
먹이 새우, 갯지렁이, 이끼 따위
몸길이 1m 안팎
특징 기름 눈꺼풀이 없다.

가숭어 참숭어, 뚝다리 *Chelon haematocheilus*

가숭어는 숭어보다 맛이 좋다고 '참숭어'라고 한다. 생김새나 사는 모
습이 숭어와 닮았다. 숭어보다 몸집과 몸 비늘이 더 크다. 몸길이가 1m
넘는 것이 흔하다. 가숭어는 숭어보다 입술 둘레가 붉고 위턱이 아래턱
보다 길다. 숭어는 눈에 기름 눈꺼풀이 있지만 가숭어는 없다. 바닷가
가까이에서 살다가 8~9월이면 강어귀로 몰려온다. 강을 거슬러 올라
오기도 한다. 강물이 더러워도 제법 잘 견디며 산다.

분류 갯장어과
사는 곳 서해, 남해
먹이 작은 물고기, 새우, 게 따위
몸길이 60~80cm
특징 몸이 뱀처럼 길다.

갯장어 개장어^북, 참장어, 이빨장어 *Muraenesox cinereus*

갯장어는 뱀처럼 몸이 길다. 비늘이 없어서 몸이 미끌미끌하다. 낮에는 바이틈에 숨어 쉬다가 밤이 되면 나와서 쉬고 있는 물고기나 새우나 소 개 따위를 잡아먹는다. 물 밖에 나와서도 꿈틀꿈틀대며 오랫동안 살고 사람도 잘 문다. 주둥이가 뾰족하고 날카로운 이빨이 위아래 턱에 줄줄 이 나 있다. 앞쪽에는 송곳니가 삐쭉 솟았다. 사람 손을 깨물면 손가락 에 구멍이 날 정도다. 여름에 잡아서 구이나 회나 탕으로 먹는다.

까치상어는 다른 물고기와 달리
짝짓기를 해서 새끼를 낳는다.

암컷 　　　 수컷

분류 까치상어과
사는 곳 서해, 남해
먹이 작은 물고기, 새우, 게 따위
몸길이 1m 안팎
특징 새끼를 낳는다.

까치상어 죽상어 *Triakis scyllium*

까치상어는 상어 무리 가운데 덩치가 작은 편이다. 까만 줄무늬가 나 있
다고 '죽상어'라고도 한다. 성질이 순해서 사람에게 안 달려든다. 바닷
말이 어우렁더우렁 자란 가까운 바다에서 많이 산다. 바닷가 가까이 오
기도 한다. 혼자 돌아다니기를 좋아하고 가끔 무리를 지어 쉰다. 깜깜한
밤에 돌아다니면서 작은 물고기나 새우나 게 따위를 잡아먹는다. 알을
안 낳고 짝짓기를 해서 새끼를 낳는다. 봄이 되면 새끼를 스무 마리쯤
낳는다. 수족관에서 많이 기른다.

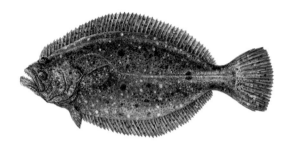

넙치 눈
넙치를 앞에서 보면 눈이
왼쪽으로 쏠려 있다.

분류 넙치과
사는 곳 서해, 남해, 동해
먹이 작은 물고기, 새우, 게 따위
몸길이 50~80cm
특징 눈이 왼쪽으로 쏠려 있다.

넙치 광어 *Paralichthys olivaceus*

넙치는 앞에서 보면 눈이 왼쪽으로 쏠린다. 바다 밑바닥 흙 속에 숨어 사는데 사는 곳에 맞춰 몸빛을 바꾼다. 바닥에 숨어 있다가 지나가는 작은 물고기나 새우나 게나 오징어를 잡아먹는다. 흙 속에 숨어 있는 조개나 갯지렁이도 먹는다. 헤엄을 칠 때면 납작한 몸이 부드럽게 너울너울 움직인다. 옛날부터 엄마가 아기를 낳고 몸조리할 때 미역국에 넣어 끓여 먹었다. 지금은 횟집에서 많이 볼 수 있다. 흔히 광어라고 한다. 겨울철에 가장 맛이 좋다.

분류 가자미과
사는 곳 온 바다
먹이 물고기, 조개, 게, 갯지렁이, 새우 따위
몸길이 20~50cm
특징 몸에 돌기가 두세 줄 난다.

돌가자미 돌가재미[북] *kareius bicoloratus*

몸에 돌처럼 딱딱한 돌기가 튀어 나왔다고 '돌가자미'다. 우리나라 온 바다에 사는데 서해에 많다. 물 깊이가 30~100m쯤 되는 모랫바닥이나 개펄 바닥에 산다. 때때로 강어귀에 올라오기도 한다. 바닥에 붙어 있다 가 갯지렁이나 작은 새우, 조개 따위를 잡아먹는다. 여름에는 깊은 곳에 있다가 11~2월까지 바닷가 가까이로 와 알을 낳는다. 낚시로 낚는데 겨 울이 제철이다. 회, 구이, 찜, 조림으로 먹는다.

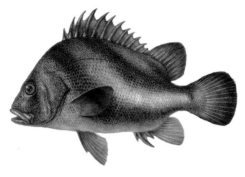

입술
동갈돗돔은 입술이 두툼해서
꼭 사람 입술 같다.

분류 하스돔과
사는 곳 서해, 남해
먹이 게, 새우, 작은 물고기
몸길이 40~50cm
특징 입술이 두툼하다.

동갈돗돔 *Hapalogenys nitens*

동갈돗돔은 물 깊이가 30m쯤 되는 바닷가에서 산다. 모래가 깔린 바닥
가까이에서 헤엄쳐 다닌다. 민물과 짠물이 뒤섞이는 강어귀에서도 많이
산다. 낮에는 끼리끼리 모여 있다가 밤이 되면 저마다 흩어진다. 어릴 때
는 물속 바위틈에 옹기종기 모여 있다. 게나 새우 따위를 많이 먹고 작
은 물고기도 잡아먹는다. 수가 적어서 많이 안 잡히는데 가끔 낚시에 걸
린다. 오뉴월 알 낳을 때가 맛이 좋다. 물에서 나오면 '꿀 꿀'거리며 돼
지 소리로 운다.

두툽상어 알
두툽상어는 새끼를 안 낳고 알을 낳는다.
알주머니에서 새끼가 나온다.

분류 두툽상어과
사는 곳 서해, 남해, 제주
먹이 작은 물고기, 새우, 게 따위
몸길이 50cm 안팎
특징 몸에 얼룩덜룩한 무늬가 있다.

두툽상어 범상어^북 *Scyliorhinus torazame*

두툽상어는 따뜻한 물을 좋아한다. 서해와 남해, 제주 바다에 살고 일
본, 필리핀 바다에도 산다. 물 깊이가 100m 안쪽인 바다 밑바닥에 살면
서 작은 물고기나 새우, 게 따위를 먹고 산다. 다른 상어와 달리 새끼를
안 낳고 알을 낳는다. 질기고 두툼하고 네모난 알주머니에 알이 들어 있
다. 네모난 알주머니 모서리에는 가느다란 실이 꼬불꼬불 나 있다. 알에
서 깨어난 새끼는 주머니에 있다가 밖으로 빠져 나온다. 성질이 순해서
사람한테 안 덤빈다.

빨판
말뚝망둥어는 배지느러미가 서로 붙어서
빨판으로 바뀌었다. 바위나 말뚝에 착
달라붙는다.

분류 망둑어과
사는 곳 서해, 남해 갯벌
먹이 갯지렁이, 작은 새우, 작은 동물
몸길이 10cm 안팎
특징 말뚝에 잘 올라간다.

말뚝망둥어 말뚝고기, 나는망둥어 *Periophthalmus modestus*

말뚝망둥어는 갯벌에 구멍을 파고 사는 물고기다. 물속에서는 아가미로 숨을 쉬고 물 밖에서는 살갗으로 숨을 쉰다. 갯벌에서 가슴지느러미를 두 팔처럼 써서 어기적어기적 기어 다니거나 폴짝폴짝 뛰어다닌다. 갯지렁이나 작은 새우 따위를 잡아먹고 갯벌 진흙을 훑어 먹기도 한다. 갯벌에 물이 꽉 들어차면 갯벌에 박혀 있는 말뚝이나 바위에 잘 올라간다. 서리가 내리면 갯벌 굴속에 들어가 겨울잠을 자고, 이듬해 벚꽃이 필 때쯤에야 나온다.

알 낳는 집
문절망둑은 알 낳을 때가 되면 펄 속에
Y자 모양으로 집을 짓는다.

분류 망둑어과
사는 곳 온 바다
먹이 새우, 게, 작은 물고기, 유기물
몸길이 20cm 안팎
특징 배에 빨판이 있다.

문절망둑 망둥어^북, 꼬시래기 *Acanthogobius flavimanus*

문절망둑은 민물이 섞이는 강어귀나 바닷가 얕은 모래펄 바닥에 산다.
때로는 강을 따라 올라온다. 물이 조금 더러워도 잘 산다. 배에 빨판이
있어서 물속 바위나 바닥에 잘 붙는다. 낮에는 이곳저곳을 누비며 새우
나 게나 물고기나 바닥에 있는 유기물을 가리지 않고 먹는다. 밤이 되면
옹기종기 모여 잠을 잔다. 문절망둑은 가을에 낚시로 잡는다. 미끼를 꿰
어 낚시를 던져 놓으면 닙죽닙죽 잘 문다. 회를 뜨거나 굽거나 매운탕을
끓여 먹는다.

분류 민어과
사는 곳 서해, 남해, 제주
먹이 새우, 게, 오징어, 멸치 따위
몸길이 80∼100cm
특징 '부욱 부욱' 하고 운다.

민어 민애, 보굴치, 암치, 어스래기 *Miichthys miiuy*

민어는 겨울이면 제주도 남쪽 바다에서 지내다가 봄에 서해로 올라온다. 낮에는 물속 깊이 있다가 밤이 되면 물낮 가까이 올라온다. 밤낮을 오르락내리락하면서 작은 새우나 게, 작은 물고기 따위를 잡아먹는다. 조기를 닮았지만 훨씬 크다. 어른 양팔을 쫙 벌린 길이만큼 큰 것도 있다. 조기가 그러는 것처럼 민어도 물속에서 '부욱, 부욱' 하고 개구리 울음소리를 낸다. 물고기 가운데 오래 살아서 13년쯤 산다. 여름이 제철이다. 탕이나 회, 찜, 전으로 먹는다.

분류 민어과
사는 곳 서해, 남해, 제주
먹이 플랑크톤, 갯지렁이, 새우, 게
몸길이 20cm 안팎
특징 많이 안 잡힌다.

민태 *Johnius grypotus*

민태는 따뜻한 물을 좋아한다. 물 깊이가 80m 안쪽이고 바닥에 모래나 펄이 깔린 얕은 바다에 산다. 조기 무리 가운데 헤엄을 잘 못 치는 편이다. 물에 떠다니는 플랑크톤이나 갯지렁이, 새우, 오징어, 작은 물고기 따위를 잡아먹는다. 겨울에는 조금 깊은 바닷속으로 옮겼다가 따뜻한 봄이 되면 바닷가로 몰려와 알을 낳는다. 4~7월 사이에 알을 낳고 2~3년쯤 산다. 많이 안 잡힌다.

백상아리는 새끼를 낳는다.

분류 악상어과
사는 곳 온 바다
먹이 물고기, 바다짐승
몸길이 6m
특징 사람한테도 덤빈다.

백상아리 백상어 *Carcharodon carcharias*

백상아리는 상어 가운데 가장 사납다. 물낯 가까이 사는데 물속 1,300m 깊은 바닷속까지도 들어간다. 이리저리 돌아다니면서 먹이를 찾는다. 냄새를 잘 맡아서 수 킬로미터 떨어진 곳에서 나는 피 냄새도 맡는다. 작은 물고기부터 다랑어, 돌고래, 바다표범 같은 덩치 큰 동물도 잡아먹는다. 사람을 바다표범이나 바다사자인 줄 알고 덤벼들기도 한다. 서해, 남해, 동해 어느 바다에서나 볼 수 있는데, 봄에 서해에 자주 나타난다. 15년 넘게 산다.

수컷

암컷

분류 뱅어과
사는 곳 서해, 남해, 동해
먹이 플랑크톤, 작은 새우
몸길이 10cm 안팎
특징 몸속이 훤히 비친다.

뱅어 실치 *Salangichthys microdon*

뱅어는 민물과 짠물이 뒤섞이는 강어귀에서 살다가 삼사월에 강을 거슬러 올라간다. 암컷과 수컷이 따로 무리를 지어 올라간다. 물 깊이가 2~3m쯤 되는 강 속 물풀에 알을 붙여 낳는다. 알에서 깨어난 새끼는 여름에 바다로 내려가 뿔뿔이 흩어져 산다. 작은 새우나 동물성 플랑크톤을 먹고 자란다. 이듬해 봄이면 다 커서 다시 강을 거슬러 올라간다. 요즘에는 강물이 더러워지고 댐이나 보로 막히는 바람에 보기 힘들다. 우리가 먹는 뱅어포는 뱅어가 아니라 새끼 베도라치로 만든다.

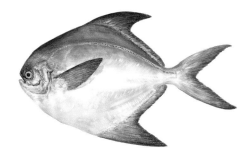

분류 병어과
사는 곳 서해, 남해, 제주
먹이 작은 새우, 플랑크톤, 갯지렁이 따위
몸길이 20~160cm
특징 몸이 마름모꼴로 생겼다.

병어 병치, 편어 *Pampus argenteus*

병어는 따뜻한 바다에서 산다. 겨울이면 제주도 남쪽 바다로 내려갔다
가 봄이 오면 서해와 남해로 몰려온다. 바닷속 50 ~ 150m 깊이에서 무리
지어 산다. 작은 새우, 플랑크톤, 갯지렁이, 해파리 따위를 잡아먹는다.
늦봄부터 여름까지 얕은 바닷가나 강어귀로 몰려와서 알을 낳는다. 알
에서 깨어난 새끼는 3cm쯤 크면 먼바다로 나간다. 병어는 어시장에 가
면 흔히 볼 수 있다. 그물로 잡아 회로도 먹고 구이나 찜이나 조림으로
먹는다.

분류 민어과
사는 곳 서해, 남해, 동해
먹이 게, 새우, 오징어, 작은 물고기 따위
몸길이 30~40cm
특징 배가 하얗다.

보구치 흰조기^북 *Pennahia argentata*

'보굴, 보굴' 운다고 '보구치'라는 이름이 붙었다. 배가 하얀 은빛으로
반짝거려서 '백조기'라고도 한다. 서해, 남해와 동해 남쪽에 산다. 늦
봄부터 한여름까지 서해로 몰려와서 알을 낳는다. 알을 낳을 때 '보굴, 보
굴' 운다. 물 깊이가 5~10m쯤 되는 바닷가나 만에 들어와서 알을 낳는
다. 겨울에는 제주도 서남쪽 바다로 내려가 겨울을 난다. 새우나 게, 갯
가재, 오징어, 작은 물고기 따위를 잡아먹으며 10년쯤 산다. 조기 무리
가운데 가장 많이 잡힌다.

분류 민어과
사는 곳 서해, 남해, 제주
먹이 새우, 게, 작은 물고기 따위
몸길이 75cm 안팎
특징 참조기와 닮았다.

부세 부서, 조구 *Larimichthys crocea*

부세는 따뜻한 물을 좋아한다. 서해와 남해에 살고, 동중국해에도 산다. 참조기처럼 겨울에는 제주 남쪽 바다로 내려가 물 깊이가 100m쯤되는 대륙붕에서 떼 지어 겨울을 난다. 봄이 되면 서해로 올라오기 시작해서 7월쯤 되면 바닷가 가까이에서 알을 낳는다. 참조기와 꼭 닮았는데 더 크다. 사람들은 부세를 참조기로 속여 팔기도 한다. 참조기처럼 배가 황금빛을 띤다. 하지만 머리 꼭대기에 다이아몬드 모양 무늬가 없다. 민어와 참조기처럼 부레로 소리를 낸다.

분류 민어과
사는 곳 서해, 남해
먹이 새우, 게, 작은 물고기
몸길이 40cm 안팎
특징 등에 까만 점무늬가 있다.

수조기 *Nibea albiflora*

수조기는 등이 누르스름하고 까만 점이 줄지어 나 있다. 배는 하얗다. 다른 조기처럼 따뜻한 물을 좋아한다. 겨울에는 제주 남쪽 바다에서 지내다가 봄이 되면 북쪽으로 올라온다. 물 깊이가 40~150m 되는 펄 바닥이나 모랫바닥에서 산다. 새우나 게나 작은 물고기 따위를 잡아먹는다. 5~8월에 짝짓기를 하고 알을 낳는다. 다른 조기 무리와 마찬가지로 짝짓기 때가 되면 소리를 내며 운다. 알에서 나온 새끼는 두 해가 지나면 다 큰다.

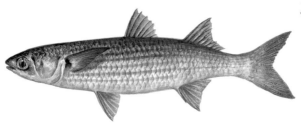

숭어는 바닥에 깔린 펄을 헤집어
먹이를 잡아먹는다.

분류 숭어과
사는 곳 온 바다
먹이 새우, 갯지렁이, 바닷말 따위
몸길이 80cm
특징 물 위로 잘 뛰어오른다.

숭어 모치, 개숭어 *Mugil cephalus*

숭어는 강과 바다를 오르락내리락하면서 사는 물고기다. 추운 겨울에는 깊은 바다로 내려갔다가 봄이 되면 떼 지어 강어귀로 몰려온다. 숭어는 물 위로 잘 뛰어오른다. 빠르게 헤엄치면서 꼬리지느러미로 물낯을 세게 쳐서 화살처럼 뛰어오른다. 먹이를 먹을 때는 강바닥 펄을 삼켜서 그 속에서 숨은 새우나 갯지렁이나 바닷말 따위를 먹는다. 그물로 많이 잡는데, 봄이 되면 눈에 기름기가 잔뜩 껴서 앞을 잘 못 본다. 이때는 물가로 나오는데 작대기로 두드려 잡기도 한다.

양태는 몸이 아주 납작하다.

분류 양태과
사는 곳 서해, 남해
먹이 작은 물고기, 새우, 오징어, 게 따위
몸길이 50cm
특징 머리가 위아래로 납작하다.

양태 장대, 낭태 *Platycephalus indicus*

양태는 바닥에 붙어사는 물고기다. 물 깊이가 2~60m쯤 되고 바닥에
모래와 진흙이 깔린 따뜻한 바다에 산다. 물 바닥에 납작 엎드려 눈만
내 놓은 채 모래를 뒤집어쓰고 있다가 작은 물고기나 새우나 오징어나
게 따위가 다가오면 한입에 삼킨다. 겨울이 되면 깊은 바다로 들어가 바
닥에 몸을 파묻고 겨울잠을 잔다. 봄부터 가을까지 낚시나 그물로 잡는
다. 찌개를 끓이거나 찜을 쪄 먹고 구이나 튀김이나 회로도 먹는다.

분류 멸치과
사는 곳 서해
먹이 작은 물고기
몸길이 25cm 안팎
특징 생김새가 칼처럼 생겼다.

웅어 위어, 웅에, 우여 *Coilia nasus*

웅어는 칼처럼 꼬리 쪽으로 갈수록 날카롭게 뾰족하다. 바닷가나 큰 강 어귀에서 무리 지어 살다가 강을 거슬러 올라와 알을 낳는다. 서해에만 산다. 낮에는 물가를 헤엄치다가 밤에는 깊은 곳으로 들어간다. 어릴 때 는 동물성 플랑크톤을 먹고 자라다가 어른이 되면 작은 물고기를 잡아 먹는다. 사오월 보리누름 때부터 강을 거슬러 올라와 유월쯤 갈대가 자 란 강가에 알을 낳는다. 알을 낳으면 어미는 죽는다. 강을 올라올 때 잡 아서 회로 먹는다.

전어는 물 바닥 개흙을 뒤지며
먹이를 찾는다.

분류 청어과
사는 곳 서해, 남해
먹이 플랑크톤, 개흙 속 작은 동물
몸길이 25cm 안팎
특징 몸이 뾰족하고 옆으로 납작하다.

전어 전애 *Konosirus punctatus*

전어는 따뜻한 바다에서 산다. 물 깊이가 30m 안쪽인 얕은 바다에 많
다. 물낯 가까이나 가운데쯤에서 무리 지어 산다. 바다가 잔잔할 때는
'쩍 쩍'하는 소리를 내면서 등지느러미를 물 밖에 내놓고 헤엄쳐 다닌
다. 몸이 화살촉처럼 뾰족해서 재빠르게 헤엄친다. 가을이 되면 몸이
통통해지고 기름기가 끼면서 맛이 아주 좋다. 성질이 급해서 낚시나 그
물로 잡아 올리면 금방 죽는다. 잔가시가 많지만 뼈째 썰어 회로 먹고
구워 먹고 젓갈도 담근다.

오뉴월이 되면 암컷이
새끼를 낳는다.

분류 양볼락과
사는 곳 서해, 남해, 동해
먹이 작은 물고기, 새우, 게, 오징어 따위
몸길이 30~70cm
특징 사람들이 많이 기른다.

조피볼락 우럭 *Sebastes schlegelii*

조피볼락은 흔히 '우럭'이라고 한다. 바위가 많고 바닷말이 수북이 자란 바닷가에서 많이 산다. 해가 뜨면 떼로 모이는데 아침저녁에 가장 힘차게 몰려다닌다. 하지만 자기 사는 곳을 멀리 안 떠난다. 작은 물고기나 새우나 게나 오징어 따위를 잡아먹는다. 밤에는 저마다 흩어져서 먹이를 찾거나 바위틈에서 가만히 쉰다. 가을에는 깊은 곳으로 들어가거나 따뜻한 남쪽으로 내려갔다가 봄에 올라온다. 회로도 먹고 매운탕을 끓여 먹는다.

먹이를 먹을 때는 주둥이가
깔때기처럼 튀어나온다.

분류 청어과
사는 곳 서해, 남해
먹이 새우, 작은 물고기 따위
몸길이 40~50cm
특징 몸에 가시가 많다.

준치 시어, 진어 *Ilisha elongata*

준치는 따뜻한 서해와 남해에 사는 물고기다. 바닥에 모래나 펄이 깔린 얕은 바다 가운데쯤에서 무리 지어 헤엄쳐 다닌다. 새우나 작은 물고기를 잡아먹는다. 겨울에는 제주도 남쪽 먼바다로 내려갔다가 봄이 되면 서해로 올라온다. 오뉴월에 모래나 펄이 깔린 강어귀에서 알을 낳는다. 금강 어귀에 많이 낳는다. 오뉴월 찔레꽃 필 때 잡은 준치가 가장 맛있어서 '썩어도 준치'라는 말이 있을 정도다. 몸에 가시가 많아 잘 발라 먹어야 한다. 회나 소금구이로 먹는다.

쥐노래미 수컷은 알이 깨어날
때까지 곁을 지킨다.

분류 쥐노래미과
사는 곳 서해, 남해, 동해
먹이 작은 새우나 게, 물고기, 바닷말
몸길이 50cm 안팎
특징 눈 위에 돌기가 쫑긋 솟았다.

쥐노래미 놀래미 *Hexagrammos otakii*

주둥이가 쥐처럼 뾰족하고 온몸이 노랗다고 '쥐노래미'다. 물 깊이가
100m 안쪽이고 바닥에 모래와 자갈이 깔린 갯바위기 많은 비닷가에서
산다. 부레가 없어서 헤엄쳐 다니기보다 바닥이나 바위에 배를 대고 가
만히 있기를 좋아한다. 눈 위에 작은 돌기가 귀처럼 쫑긋 솟았다. 옛날
사람들은 이 돌기를 귀라고 여겨 '귀 달린 물고기'라고 했다. 낚시로 많
이 잡는다. 봄부터 여름 들머리까지 맛이 있다. 회로 먹고 말려서 구워
먹는다.

짝짓기 철이 되면 수컷끼리
등지느러미를 활짝 펴고 펄쩍펄쩍
뛰면서 싸운다.

분류 망둑어과
사는 곳 서해, 남해
먹이 펄 속 영양분이나 미생물
몸길이 15~20cm
특징 물 밖에 나와 돌아다닌다.

짱뚱어 *Boleophthalmus pectinirostris*

짱뚱어는 질척질척한 갯벌에 구멍을 파고 산다. 갯벌에 나와 가슴지느
러미를 팔처럼 써서 기어 다니다가 폴짝폴짝 잘 뛰어오른다. 아가미에
공기주머니가 있어서 물 밖에서도 숨을 쉰다. 살갗으로도 숨을 쉰다. 낮
에는 구멍을 들락날락하면서 갯벌 흙을 갉작갉작 긁어서 물풀이나 작
은 동물을 먹는다. 겨울이 되면 펄 속에 들어가 겨울잠을 잔다. 첫서리
가 오면 들어가서 벚꽃이 피면 나온다. 훌치기 낚시로 잡아서 탕을 끓여
먹고 굽거나 말려서 먹는다.

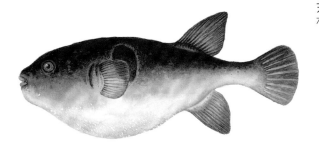

분류 참복과
사는 곳 온 바다
먹이 새우, 게, 오징어, 물고기, 조개 따위
몸길이 60cm
특징 자주복과 닮았다.

참복 *Takifugu chinensis*

참복은 우리나라 온 바다에 사는데 서해에 많다. 바닷가 가까이로는 안 오고 제법 먼바다에서 산다. 겨울이 되면 제주도 남쪽끼지 내려갔다가 봄이 되면 올라온다. 자주복과 생김새가 닮았다. 자주복은 뒷지느러미 색깔이 하얗지만, 참복은 모든 지느러미가 까맣다. 자주복과 함께 으뜸으로 친다. 회, 탕, 튀김으로 먹는다. 살과 껍질에는 독이 없지만 난소와 간에는 센 독이 있고 내장에도 독이 있다. 겨울철에 가장 맛이 좋다.

분류 민어과
사는 곳 서해, 남해, 제주
먹이 새우, 게, 작은 물고기, 물풀 따위
몸길이 25~30cm
특징 개구리 소리로 운다.

참조기 노랑조기 *Larimichthys polyactis*

참조기는 떼로 몰려다니는 물고기다. 물 깊이가 40~160m쯤 되고 바닥
에 모래나 펄이 깔린 대륙붕에 많이 산다. 물풀을 뜯어 먹거나 새우나
작은 물고기를 잡아먹고 8년쯤 산다. 겨울에는 따뜻한 제주도 남쪽 바
다로 내려간다. 날이 따뜻해지면 물속에서 '뿌욱, 뿌욱' 개구리 소리를
내며 서해로 알을 낳으러 몰려온다. 이때 사람들이 그물로 많이 잡는다.
조기 무리 가운데 으뜸으로 쳐서 옛날부터 많이 잡았다. 조기라는 이름
은 먹으면 기운이 난다는 뜻이다.

암컷이 수컷보다 크다.

암컷

수컷

분류 홍어과
사는 곳 서해
먹이 오징어, 새우, 게, 갯가재 따위
몸길이 1m쯤
특징 삭혀서 먹는다.

참홍어 눈가오리, 홍어 *Raja pulchra*

참홍어는 물 깊이가 50~100m쯤 되고 바닥에 모래와 펄이 깔린 곳에서 산다. 어릴 때는 서해 바닷가에서 살다가 크면 먼바다로 나간다. 몸 양쪽 가슴지느러미가 날개처럼 생겨서 바닷속을 너울너울 날갯짓하듯 헤엄쳐 다닌다. 오징어, 새우, 게, 갯가재 따위를 잡아먹는다. 흑산도에서 겨울에 낚시로 많이 잡는다. 삭혀 먹거나 빨갛게 무쳐 먹거나 굽거나 탕을 끓여 먹는다. 지금은 사람들이 너무 많이 잡는 바람에 거의 사라져서 보기 어렵다.

분류 망둑어과
사는 곳 서해, 남해
먹이 작은 물고기, 게, 갯지렁이
몸길이 40cm 안팎
특징 문절망둑을 닮았다.

풀망둑 *Synechogobius hasta*

풀망둑은 문절망둑과 아주 닮았다. 몸 빛깔은 연한 잿빛 밤색에 풀빛이
돈다. 문절망둑보다 훨씬 크게 자라지만 몸은 더 날씬하다. 문절망둑처
럼 배지느러미가 빨판으로 바뀌었다. 서해와 남해로 흐르는 강어귀에
많이 산다. 강을 거슬러 올라오기도 한다. 갯지렁이나 바닥에 사는 작
은 동물을 먹는다. 문절망둑처럼 봄이 되면 뻘 속에 Y자 모양 굴을 파고
알을 낳는다. 알을 낳으면 암컷과 수컷은 몸이 까매지고 야위어 죽는다.
낚시나 그물로 잡는다.

황복 이빨
넓적한 이빨이 위아래로 두 개씩 났다.

분류 참복과
사는 곳 서해
먹이 작은 물고기, 새우, 참게 따위
몸길이 45cm 안팎
특징 강에 올라와 알을 낳는다.

황복 황복아지[북] *Takifugu obscurus*

복 무리 가운데 몸이 노랗다고 '황복'이다. 바다와 강을 오가며 산다. 진 달래꽃이 필 때쯤이면 강 위쪽끼지 올리와 알을 낳는다. 알에서 깨어난 새끼는 두 달쯤 강에서 살다가 바다로 내려간다. 바다에서 삼 년쯤 살다 다시 강으로 올라온다. 물고기나 새우 따위를 잡아먹는데, 이빨이 튼튼 해서 참게도 썩둑썩둑 잘라 먹는다. 화가 나거나 누가 건드리면 배를 뽈 록하게 부풀려서 몸이 풍선처럼 동그래진다. 임진강, 한강, 만경강처럼 서해로 흐르는 강에서만 볼 수 있다.

남해 물고기

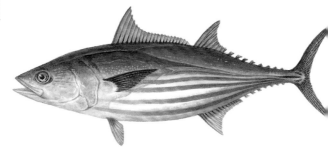

분류 고등어과
사는 곳 남해, 제주
먹이 작은 물고기, 오징어, 게, 새우 따위
몸길이 50~100cm
특징 몸통에 가로 줄무늬가 나 있다.

가다랑어 가다랭이, 가다리 *Katsuwonus pelamis*

가다랑어는 먼바다에서 떼 지어 다니는 물고기다. 봄이 되면 따뜻한 물을 따라 제주도를 거쳐 남해로 올라온다. 물낯 가까이에서 아주 빠르게 헤엄친다. 시속 70~80km 넘는 속도로 헤엄칠 수 있다. 죽을 때까지 잠을 한 번도 안 자고 헤엄을 친다. 육 년쯤 산다. 자기보다 작은 물고기를 잡아먹고 오징어나 게나 새우 따위도 먹는다. 사람들이 흔히 '참치'라고 하는데 그물이나 낚시로 잡는다. 꽁꽁 얼려서 회로도 먹지만 대부분 통조림을 만든다.

새끼 감성돔
새끼일 때는 몸에 까만 줄무늬가
뚜렷하다.

분류 도미과
사는 곳 온 바다
먹이 소라, 성게, 작은 물고기, 새우 따위
몸길이 60~70cm
특징 크면서 수컷에서 암컷으로 바뀐다.

감성돔 감싱이 *Acanthopagrus schlegeli*

감성돔은 참돔과 똑 닮았는데 몸빛이 까무스름하다. 물 깊이가 5~50m
쯤 되는 얕은 바닷가 바위 밭에서 많이 산다. 수둥이가 뾰죽하고 이빨
이 튼튼해서 소라나 성게처럼 딴딴한 껍데기도 부숴 먹는다. 또 작은 물
고기나 갯지렁이나 게나 새우나 홍합도 먹고 돌에 붙은 김이나 파래도
뜯어 먹는다. 날씨가 추워지면 깊은 바다로 들어가 옹기종기 모여서 겨
울잠을 자듯이 지낸다. 봄가을에 갯바위에서 낚시로 많이 잡는다. 회,
구이, 찜, 탕으로 먹는다.

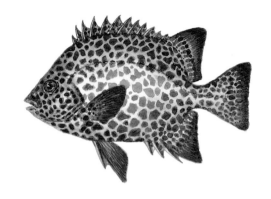

분류 돌돔과
사는 곳 온 바다
먹이 게, 조개, 고둥 따위
몸길이 40~90cm
특징 몸에 까만 점무늬가 있다.

강담돔 깨돔, 교련복, 얼룩갯돔 *Oplegnathus punctatus*

강담돔도 돌돔처럼 바닷가 바위 밭에 산다. 하지만 돌돔보다 더 따뜻한 바다에 산다. 표범처럼 까만 점무늬가 온몸에 빼곡히 나 있다. 크면서 몸 무늬가 빽빽해지다가 흐려지면서 없어진다. 늙은 돌돔은 주둥이만 까맣지만 강담돔은 하얗게 바뀐다. 조개나 고둥, 성게 같은 껍데기가 딱딱한 먹이도 부숴 먹는다. 돌돔보다 수가 적다. 여름이 제철이고 회, 구이, 매운탕으로 먹는다.

분류 쥐치과
사는 곳 남해, 동해, 제주
먹이 해파리, 작은 동물 따위
몸길이 75cm
특징 쥐치 가운데 몸집이 크다.

객주리 *Aluterus monoceros*

객주리는 더운 물을 좋아한다. 무리를 지어 얕은 바다에서 헤엄쳐 다닌다. 바닥에 모래가 깔리고 바위가 많은 곳을 좋아한다. 물에 떠다니는 작은 동물들을 잡아먹고 다른 물고기는 얼씬도 안 하는 해파리도 뜯어 먹는다. 6월쯤에 알을 낳는 것 같지만 사는 모습은 아직 잘 밝혀지지 않았다. 말쥐치처럼 머리 위에 등지느러미 하나가 가시처럼 뾰족하게 솟았다. 다른 물고기를 잡을 때 함께 잡힌다. 회나 구이, 조림으로 먹는다.

위아래 몸빛
고등어 등은 파랗고 배는 하얘서
보호색을 띤다.

분류 고등어과
사는 곳 온 바다
먹이 작은 새우, 멸치 따위
몸길이 40~50cm
특징 등이 파랗고 얼룩무늬가 있다.

고등어 고동어, 고망어, 고도리 *Scomber japonicus*

고등어는 따뜻한 물을 따라 떼로 몰려다닌다. 겨울철에는 제주도 남쪽 바다에서 지내다가 봄에 남해를 거쳐 서해와 동해로 올라온다. 아주 겁이 많아서 조그만 소리에도 놀라 숨는다. 하지만 밤에 나가 배에 불을 환하게 켜 놓으면 떼로 몰려든다. 그때 낚시나 그물로 잡는다. 고등어는 성질이 급해서 잡자마자 바로 죽고 쉽게 썩는다. 그래서 소금에 절여 자반고등어를 만든다. 조리거나 굽거나 찌거나 회로 먹는다.

노랑가오리는 납작한 가슴지느러미를
물결치듯이 움직이며 헤엄친다.

분류 색가오리과
사는 곳 남해, 서해, 제주
먹이 게, 새우, 갯지렁이, 작은 물고기 따위
몸길이 2m
특징 꼬리에 독가시가 하나 있다.

노랑가오리 노랑가부리 *Dasyatis akajei*

노랑가오리는 물 바닥에 납작 붙어 산다. 물 깊이가 10~50m쯤 되는 얕은 바다나 강어귀에 많다. 따뜻한 물을 좋아해서 겨울에는 깊은 곳으로 내려갔다가 봄에 다시 얕은 바다로 올라온다. 작은 새우나 물고기나 게나 갯지렁이 따위를 먹고 산다. 덩치 큰 물고기가 치근대면 꼬리에 있는 대바늘 같은 독침을 바짝 세우고 꼬리를 채찍처럼 휘둘러서 찌른다. 독이 강해서 사람도 조심해야 한다. 가오리 무리 가운데 가장 맛이 좋다. 회, 찜, 탕으로 먹고 말려 먹는다.

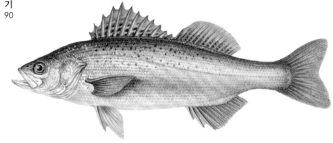

분류 농어과
사는 곳 온 바다
먹이 새우, 게, 멸치 같은 작은 물고기
몸길이 1m 안팎
특징 어릴 때는 몸에 까만 점이 있다.

농어 농에, 깔다구 *Lateolabrax japonicus*

농어는 따뜻한 물을 좋아하고 바닷가 가까이에 사는 물고기다. 사오월에 얕은 바닷가로 몰려왔다가 동지가 지나 날씨가 쌀쌀해지면 알을 낳는다. 그리고는 깊은 바다로 들어가 자취를 감추고 겨울을 난다. 봄에 올라온 농어는 물살이 세고 파도가 치는 갯바위 가까이에서 산다. 숭어처럼 가끔 물 위로 뛰어오르기도 한다. 민물을 좋아해서 강어귀에 많이 살고 강을 거슬러 오르기도 한다. 봄에 잡은 농어가 맛이 좋다. 낚시로 잡아 회, 매운탕, 구이로 먹는다.

새끼 능성어
몸빛이 불그스름한 잿빛이고 세로
줄무늬가 뚜렷하다.

분류 바리과
사는 곳 남해, 제주
먹이 작은 물고기, 오징어, 새우, 게 따위
몸길이 50~100cm
특징 어릴 때와 컸을 때 몸빛이 다르다.

능성어 아홉톤바리, 능시 *Epinephelus septemfasciatus*

능성어는 따뜻한 물을 좋아한다. 물속에 바위가 많고 바닷말이 수북이
자란 곳에서 산다. 마음에 느는 한곳에 자리를 잡으면 좀처럼 안 떠나고
산다. 텃세가 심해서 다른 물고기가 오면 쫓아낸다. 어릴 때는 얕은 곳
에 있다가 클수록 깊은 곳으로 자리를 옮긴다. 낮에는 바위틈에 숨어서
쉬다가 밤에 나와서 먹이를 잡아먹는다. 몸집은 큰 편인데 1m 넘게도
큰다. 낚시로 잡아 회로 먹고 구워 먹어도 맛있다.

분류 달고기과
사는 곳 온 바다
먹이 작은 물고기, 오징어, 새우, 게 따위
몸길이 30~50cm
특징 몸에 동그란 까만 점무늬가 있다.

달고기 허너구 *Zeus faber*

달고기는 몸통에 보름달처럼 동그란 점무늬가 있다. 따뜻한 물을 좋아
해서 남해와 서해, 제주 바다에 살고 따뜻한 물이 올라오는 동해 울릉
도나 독도 둘레에서도 산다. 물 깊이가 70~360m쯤 되는 바다 밑바닥
을 헤엄쳐 다닌다. 먹이가 보이면 몰래 다가가서는 주둥이를 길게 쭉 내
빼서 잡아먹는다. 달고기는 많이 안 잡힌다. 다른 물고기를 잡으려고 쳐
놓은 그물에 가끔 잡힌다. 회로 먹거나 매운탕을 끓여 먹는다.

분류 돌돔과
사는 곳 온 바다
먹이 게, 조개, 고둥 따위
몸길이 30~70cm
특징 몸에 까만 줄무늬가 나 있다.

돌돔 줄돔, 갯돔, 청돔 *Oplegnathus fasciatus*

돌밭에서 산다고 '돌돔'이다. 갯바위가 많은 바닷가에서 산다. 낮에는 바위틈을 어슬렁어슬렁 헤엄쳐 다니며 먹이를 찾는다. 이빨이 튼튼해서 성게나 소라나 조개도 아드득 깨서 속살을 쪼아 먹는다. 다른 물고기가 가까이 오면 '구~, 구~' 소리를 낸다. 밤에는 바위틈에 들어가 꼼짝 않고 쉰다. 갯바위 낚시로 낚는데 낚싯줄도 뚝뚝 잘 끊고 도망간다. 잡아서 회를 뜨거나 매운탕을 끓이거나 구워 먹는다. 여름이 제철이다.

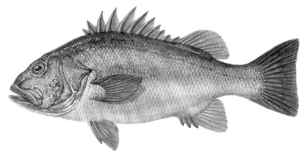

새끼 돗돔
새끼 때는 짙은 가로 줄무늬가 있다.

분류 반딧불게르치과
사는 곳 남해, 동해
먹이 물고기, 죽은 오징어
몸길이 2m안팎
특징 깊은 바다에서 산다.

돗돔 *Stereolepis doederleini*

돗돔은 물 깊이가 400~600m쯤 되는 깊은 바닷속에서 사는 심해 물고기다. 워낙 깊은 곳에 살아서 사는 모습이 잘 밝혀지지 않았다. 크기가 사람보다 더 크게 자라고 깊은 물속 바위틈에서 산다. 달고기처럼 깊은 물에 사는 물고기를 잡아먹거나 죽어서 바닥에 가라앉는 오징어 따위를 먹는다. 5~7월이 되면 알을 낳으러 60~70m쯤 되는 얕은 곳으로 올라온다. 알에서 깨어난 새끼는 바닷가에서 크다가 깊은 바다로 들어간다. 가끔 낚시에 잡힌다.

해파리를 뜯어 먹는 모습
말쥐치나 쥐치는 촉수에 독이 있는
해파리도 먹는다.

분류 쥐치과
사는 곳 온 바다
먹이 해파리, 갯지렁이, 플랑크톤, 조개
몸길이 30cm
특징 쥐포를 만든다.

말쥐치 쥐고기 *Thamnaconus modestus*

머리 생김새가 말머리를 닮았다고 '말쥐치'다. 등지느러미 하나가 가시처럼 바뀌었다. 물 깊이 70~100m쯤에서 산다. 낮에는 물 가운데쯤에서 헤엄치고, 밤이 되면 바닥으로 내려간다. 플랑크톤이나 바닥에 사는 갯지렁이나 조개 따위를 잡아먹는다. 또 촉수에 독이 있어서 다른 물고기는 얼씬도 안 하는 해파리를 따라다니며 톡톡 쪼아 뜯어 먹는다. 여름이 제철이고 그물이나 낚시로 잡는다. 살을 포 떠서 꾸덕꾸덕 말려 쥐포를 만든다. 갓 잡아 회를 떠 먹기도 한다.

새끼 낳는 모습
망상어는 알을 안 낳고 새끼를 낳는다.

분류 망상어과
사는 곳 남해, 동해
먹이 작은 동물, 조개, 바닷말 따위
몸길이 20~25cm
특징 새끼를 낳는다.

망상어 망사, 망치어 *Ditrema temminckii*

망상어는 남해와 동해 바닷가 갯바위나 방파제에서 쉽게 볼 수 있는 물고기다. 생김새가 민물에 사는 붕어를 닮았다. 사는 곳에 따라 몸빛이 많이 다르다. 잿빛 밤색에 반짝반짝 빛나는 망상어가 가장 많다. 바위 밭에 살면 불그스름하고, 바닷말이 수북이 자란 곳에 살면 엷은 풀빛을 띤다. 떼 지어 다니면서 동물성 플랑크톤이나 갯지렁이나 작은 새우나 조개 따위를 잡아먹는다. 갯바위에서 낚시로 많이 잡는다. 구워도 먹고 탕을 끓이거나 조려 먹는다.

매듭짓기
먹장어나 칠성장어는 다른 물고기에 착
달라붙으면 몸을 꼬아서 매듭을 짓는다.

분류 꾀장어과
사는 곳 남해, 제주
먹이 죽은 물고기, 갯지렁이
몸길이 50~60cm
특징 턱이 없다.

먹장어 꼼장어 *Eptatretus burgeri*

먹장어는 '눈 먼 장어'라는 뜻이다. 흔히 '꼼장어'라고 한다. 눈은 없고
살갗 아래에 신경만 모여 있어 밤인지 낮인지만 안다. 물고기 가운데 가
장 원시적인 물고기다. 물 깊이가 40~60m쯤 되는 얕은 바다 밑바닥에
서 산다. 헤엄을 잘 못치고 꿈틀꿈틀 기어 다닌다. 낮에는 펄 바닥이나
모랫바닥 속에 숨어 있다가 밤에 나와서 죽은 물고기 따위를 먹는다. 사
람들은 통발로 잡아서 구워 먹는다.

분류 멸치과
사는 곳 남해, 서해, 동해
먹이 플랑크톤
몸길이 18cm쯤
특징 다 커도 어른 손가락만 하다.

멸치 멸, 몃, 메루치 *Engraulis japonicus*

멸치는 따뜻한 물을 따라 떼로 몰려다닌다. 봄에 올라왔다가 가을에 남쪽으로 내려간다. 낮에는 물속에서 헤엄치다가 밤이 되면 물낯 가까이 올라와 헤엄친다. 몸집이 작고 늘 떼로 몰려다녀서 방어나 고등어 같은 큰 물고기가 쫓아다니며 잡아먹는다. 어떤 때는 큰 물고기에게 정신없이 쫓기다 바닷가 모래밭으로 뛰쳐나오기도 한다. 밤에 불을 환하게 밝혀 놓고 그물로 잡는다. 잡은 멸치는 곧바로 삶아 햇볕에 말려 먹는다. 말린 멸치는 그냥 먹거나 국물을 내고, 볶거나 조려서 먹는다.

분류 가자미과
사는 곳 온 바다
먹이 갯지렁이, 게, 새우 따위
몸길이 30~50cm
특징 눈이 오른쪽으로 쏠려 있다.

문치가자미 문치가재미 *Pleuronectes yokohamae*

문치가자미도 다른 가자미처럼 눈이 앞에서 볼 때 오른쪽으로 쏠렸다.
서해, 남해, 동해 어디에도 살지만 남해에서 가장 흔히 볼 수 있다. 남해
에서는 '도다리'라고 한다. 다른 가자미 무리처럼 얕은 바닷속 밑바닥
에서 산다. 모래 속에 몸을 파묻고 있다가 갯지렁이나 게나 새우 따위를
잡아먹는다. 다른 가자미처럼 사는 곳에 따라 몸빛을 바꾼다. 겨울부터
봄에 많이 잡는다. 회, 구이로 먹고 말려서 먹는다. 또 봄에 쑥과 함께
국을 끓여 먹는다.

분류 양볼락과
사는 곳 남해, 동해
먹이 작은 동물 따위
몸길이 10cm 안팎
특징 등지느러미 가시가 독가시다.

미역치 쏠치, 쐐치 *Hypodytes rubripinnis*

미역치는 바닷가 가까이에 사는 물고기다. 바닷말이 수북하게 자라고
바위가 울퉁불퉁 많은 곳에서 무리를 지어 산다. 몸빛이 얼룩덜룩해서
바위틈에 감쪽같이 숨으면 찾기 어렵다. 몸집이 작아서 바닷말과 바위
사이를 쏜살같이 헤집고 다닌다. 바늘처럼 뾰족하고 독이 있는 등지느
러미 가시를 세웠다 눕혔다 한다. 큰 물고기가 다가와서 위험을 느끼면
등지느러미 가시를 고슴도치처럼 바짝 세우고 냉큼 도망간다. 낚시에 잘
걸리지만 안 먹는다. 독가시에 안 찔리게 조심해야 한다.

새끼 민달고기
새끼 민달고기는 온몸에 까만
점이 나 있다.

분류 달고기과
사는 곳 남해, 제주
먹이 작은 물고기, 오징어, 새우, 게 따위
몸길이 50~70cm
특징 몸에 무늬가 없다.

민달고기 *Zenopsis nebulosa*

우리나라에는 달고기과에 달고기와 민달고기 두 종이 산다. 몸에 둥근
까만 점이 있으면 달고기고, 없으면 민달고기다. 또 민달고기는 주둥이
와 눈 사이가 오목하지만 달고기는 볼록하다. 등쪽은 푸르스름한 잿빛
이고 옆줄 밑으로는 은빛이다. 민달고기는 달고기보다 깊은 곳에서 산
다. 물 깊이가 200m 안팎인 바다 밑바닥에 산다. 몸길이도 달고기보다
커서 70cm쯤 된다. 물고기나 새우, 오징어 따위를 잡아먹는다.

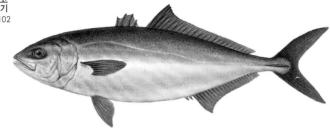

새끼 방어
새끼 방어는 어른 방어와 몸빛이
다르다.

분류 전갱이과
사는 곳 온 바다
먹이 전갱이, 정어리, 오징어 따위
몸길이 1.5m쯤
특징 몸통 가운데에 노란 띠가 있다.

방어 무태방어 *Seriola quinqueradiata*

방어는 먼바다에서 살다가 따뜻한 물을 따라서 우리나라로 온다. 여름에는 남해를 거쳐 동해 울릉도, 독도까지 올라간다. 시속 30~40km 속도를 거뜬히 내면서 날쌔고 빠르게 헤엄친다. 물 깊이 6~20m쯤에서 많이 살고 40m까지도 들어간다. 밤에 돌아다니면서 정어리나 고등어, 오징어 따위를 잡아먹는다. 깜깜한 밤에 불빛을 보면 잘 모여드는데 작은 소리만 나도 금세 바다 밑으로 도망간다. 겨울이 제철이다. 낚시나 그물로 잡아 회, 구이, 탕으로 먹는다.

분류 청어과
사는 곳 남해, 서해
먹이 플랑크톤, 갯지렁이, 작은 새우 따위
몸길이 15cm 안팎
특징 성질이 급하다.

밴댕이 뒤포리 *Sardinella zunasi*

밴댕이는 따뜻한 물을 좋아한다. 봄부터 가을까지 물이 얕은 만이나 강 어귀에서 떼로 몰려다니면서 플랑크톤이나 갯지렁이나 삭은 새우 따위를 잡아먹는다. 겨울이 되면 깊은 물속으로 들어가 겨울을 난다. 밴댕이는 멸치와 함께 많이 잡는다. 멸치와 닮았는데 몸이 옆으로 더 납작하고 짤막하다. 성질이 아주 급해서 물 밖으로 나오자마자 바로 죽는다. 또 쉽게 썩기 때문에 멸치처럼 바짝 말려서 국물을 우러내는 데 쓰고 젓갈을 담근다.

분류 뱀장어과
사는 곳 강
먹이 작은 물고기, 개구리, 물벌레 따위
몸길이 60~100cm
특징 몸이 길고 미끌미끌하다.

뱀장어 민물장어 *Anguilla japonica*

뱀장어는 강에서 살다가 바다로 내려가 알을 낳고 죽는 물고기다. 강이나 늪, 저수지에서 5~12년쯤 산다. 낮에는 바닥 진흙이나 돌 틈에 숨어 있다가 밤이 되면 나와 먹이를 잡아먹는다. 겨울에는 진흙 속이나 돌 밑에 들어가 아무것도 안 먹고 지낸다. 장마철에 강물이 불어나면 물 밖으로 나와 구불구불 기어서 늪이나 저수지로 옮겨 가기도 한다. 물 밖에서도 몸에 물이 마르지 않으면 얇은 살가죽으로 숨을 쉰다. 잡아서 구이, 탕으로 먹는다.

알을 품는 베도라치
베도라치 수컷은 알에서 새끼가 깨어날 때까지
알 덩어리를 품어서 지킨다.

분류 황줄베도라치과
사는 곳 남해, 서해, 동해
먹이 플랑크톤, 작은 새우나 게
몸길이 20cm 안팎
특징 수컷이 알을 지킨다.

베도라치 뻬도라치, 괴또라지 *Pholis nebulosa*

베도라치는 물 깊이가 20m보다 얕은 바다 펄 바닥에서 산다. 물웅덩이 돌 틈에서도 숨어 지낸다. 몸이 뱀처럼 길쑥하고 비늘이 없다. 몸에서 찐득찐득한 물이 나와 미끌미끌하다. 그 덕에 뻐쭉뻐쭉 튀어나온 돌 모서리에 생채기 하나 안 나고 잘 산다. 낮에는 숨어 있다가 밤이 되면 나와서 먹이를 잡아먹는다. 작은 물고기나 새우나 게 따위를 보면 닥치는 대로 잡아먹는다. 예전에는 침을 잘 흘리는 어린아이에게 고아 먹였다.

분류 황줄깜정이과
사는 곳 남해, 제주도, 울릉도, 독도
먹이 갯지렁이, 게, 새우, 바닷말 따위
몸길이 50~60cm
특징 잡식성 물고기다.

벵에돔 흑돔, 깜정고기 *Girella punctata*

벵에돔은 따뜻한 바다를 좋아한다. 돌돔처럼 물살이 세고 파도가 치는
바닷가 갯바위 가까이에서 산다. 밤에는 바위틈에 숨어 있다가 낮에 나
와 먹이를 잡아먹고 해거름에 다시 집으로 돌아온다. 여름에는 갯지렁
이나 작은 새우나 게 따위를 잡아먹고, 겨울에는 바위에 붙은 김이나
파래 같은 바닷말을 갉아 먹는다. 겁이 많아서 잘 숨는다. 한 마리가 숨
으면 모여 있던 떼가 모두 들어가 숨는다. 겨울이 제철이다. 낚시로 잡아
회, 구이, 탕으로 먹는다.

새끼 낳는 볼락
볼락은 새끼를 낳는다.

분류 양볼락과
사는 곳 남해, 동해, 제주
먹이 새우, 게, 갯지렁이, 물고기 따위
몸길이 30cm 안팎
특징 새끼를 낳는다.

볼락 뽈낙 *Sebastes inermis*

볼락은 바닷속 바위 밭에서 산다. 깊이와 사는 곳에 따라 몸 빛깔이 많이 다르다. 낮에는 바위틈에 숨어 있다가 밤에 나와서 새우나 갯지렁이나 작은 물고기 따위를 한입에 덥석덥석 삼킨다. 겁이 많아서 조금만 놀라도 후다닥 흩어졌다가 조용해지면 다시 슬금슬금 떼로 모인다. 날씨가 사나워도 잘 안 나온다. 갯바위에서 낚시로 많이 잡는다. 회로도 먹고 구워도 먹고 탕도 끓여 먹는다. 볼락 무리 가운데 맛이 으뜸이다.

갯장어   붕장어

갯장어는 주둥이가 뾰족하고
붕장어는 주둥이가 더 뭉뚝하다.

분류 붕장어과
사는 곳 온 바다
먹이 작은 물고기, 새우, 게, 갯지렁이 따위
몸길이 40∼100cm
특징 옆줄 따라 흰 점이 나 있다.

붕장어 바다장어 *Conger myriaster*

붕장어는 갯장어와 달리 모랫바닥에서 산다. 낮에는 모래 속에 몸을 숨기고 있다가 밤에 나와서 먹이를 잡아먹는다. 모랫바닥에 몸을 반쯤 숨기고 머리를 쳐들고 있다가 쉬거나 지나가는 물고기나 새우나 게 따위를 닥치는 대로 잡아먹는다. 사람들은 그물이나 통발이나 낚시로 잡아서 회나 구이나 탕으로 먹는다. 붕장어는 고소하고 꼬들꼬들 씹히는 맛이 좋은데 '아나고'라는 이름으로 잘 알려졌다. '아나고'는 일본에서 붕장어를 부르는 이름이다.

분류 삼세기과
사는 곳 온 바다
먹이 작은 물고기, 새우 따위
몸길이 30~40cm
특징 머리에 작은 돌기가 잔뜩 나 있다.

삼세기 수베기, 범치아재비 *Hemitripterus villosus*

삼세기는 차가운 물을 좋아한다. 울퉁불퉁한 바위가 많은 물 바닥에서 산다. 생김새가 꼭 작은 돌 같다. 바위 곁에 꼼짝 않고 있다가 작은 물고 기나 새우 따위가 멋도 모르고 가까이 다가오면 와락 잡아먹는다. 자기 보다 덩치가 큰 물고기가 와서 집적거려도 도망갈 생각을 안 한다. 겨울 에 알을 낳으러 얕은 바닷가로 올라올 때 그물로 잡거나, 해녀들이 물질 을 해서 잡는다. 동작이 굼떠서 쉽게 잡힌다. 회나 매운탕으로 먹고 조 리거나 쪄 먹는다.

삼치 이빨
이빨이 송곳처럼 뾰족하다.

분류 고등어과
사는 곳 남해, 서해, 제주
먹이 멸치, 까나리 같은 작은 물고기
몸길이 1m
특징 몸에 까만 점이 줄지어 나 있다.

삼치 망어 *Scomberomorus niphonius*

삼치는 먼바다에서 겨울을 나고, 봄이 되면 따뜻한 물을 따라 우리 바다로 온다. 구시월에는 먹이를 따라 다시 남쪽으로 내려간다. 몸이 칼처럼 길쭉하고 어른 양팔을 한껏 벌린 만큼 크다. 헤엄을 아주 빨리 쳐서 시속 100km가 넘을 때도 있다. 물낯 가까이를 빠르게 헤엄치면서 작은 물고기를 잡아먹는다. 봄에 많이 잡지만 늦가을에 잡은 삼치가 기름기가 있어서 맛이 더 좋다. 낚시나 그물로 잡아서 구이나 조림, 매운탕으로 먹는다.

바닥을 기는 성대
손가락처럼 생긴 기다란 지느러미줄기로
땅을 짚고 기어 다닌다.

분류 성대과
사는 곳 남해, 서해, 제주
먹이 갯지렁이, 새우, 작은 물고기 따위
몸길이 35~40cm
특징 가슴지느러미 줄기가 손가락처럼 갈라진다.

성대 승대, 씬대 *Chelidonichthys spinosus*

성대는 물 깊이가 100m 안쪽이고 모래가 쫙 깔린 바닥에 산다. 가슴지느러미가 커다랗고 풀빛인데 파란 점이 나 있다. 가슴지느러미를 부채처럼 접었다 폈다 한다. 양쪽 가슴지느러미 앞쪽에 지느러미줄기 세 개가 손가락처럼 길게 갈라졌다. 이 줄기로 바닥을 짚고 걸어 다닌다. 또 바닥을 파서 모랫바닥에 숨은 먹이도 찾아낸다. 가끔 그물에 걸려 올라오는데 '꾸욱, 꾸욱'하고 운다. 겨울이나 봄에 잡은 성대는 소금을 뿌려 구워 먹는다.

분류 양볼락과
사는 곳 남해, 서해, 제주
먹이 작은 물고기, 새우 따위
몸길이 30cm 안팎
특징 등지느러미에 독가시가 있다.

쑤기미 범치 *Inimicus japonicus*

쑤기미는 따뜻한 물을 좋아한다. 물 깊이가 200m 안쪽인 흙모래 바닥에서 산다. 바닥을 파고 들어가 몸을 숨기거나 바위나 돌, 바닷말 사이에서 감쪽같이 몸을 숨기고 있다. 작은 물고기나 새우 따위가 가까이 오면 덥석 잡아먹는다. 등지느러미 독가시로 찔러서 잡아먹기도 한다. 독가시에 사람이 찔리면 견디기 힘들 만큼 아프다. 무서운 독가시가 있어도 건들지 않으면 사람한테 안 덤빈다. 겨울에 잡아서 회, 국, 매운탕으로 먹는다.

아귀는 등지느러미 가시 끝으로
물고기를 살살 꾀어 잡아먹는다.

분류 아귀과
사는 곳 온 바다
먹이 물고기, 오징어, 불가사리 따위
몸길이 30~40cm
특징 작은 물고기를 꾀어 잡아먹는다.

아귀 물텀벙, 아구 *Lophiomus setigerus*

아귀는 물 깊이가 50~250m쯤 되는 바다 밑 모랫바닥에서 산다. 납작 엎드려 모래 속에 몸을 반쯤 묻고 있다가 지나가는 물고기를 잡아먹는다. 몸빛이 바다 색깔이랑 똑같아서 감쪽같이 숨는다. 맨 앞쪽 등지느러미 가시 끝이 밥알처럼 뭉툭하다. 이 미끼에 속아 물고기가 꼬이면 큰 입으로 한입에 덥석 삼킨다. 옛날에는 징그럽고 못생긴 물고기라고 잡히는 대로 바다에 내던졌지만 지금은 많이 잡는다. 탕이나 찜을 해 먹는다. 살과 뼈가 다 물렁하다.

분류 전갱이과
사는 곳 온 바다
먹이 플랑크톤, 새우, 작은 물고기 따위
몸길이 40cm쯤
특징 옆줄 따라 방패비늘이 붙어 있다.

전갱이 *Trachurus japonicus*

전갱이는 따뜻한 물을 따라 우르르 떼 지어 다닌다. 봄에 올라왔다가
날씨가 추워지면 따뜻한 남쪽으로 내려간다. 물속 가운데나 밑에서 떼
지어 다닌다. 날씨가 좋으면 물낯으로도 올라온다. 작은 멸치나 새우나
새끼 물고기 따위를 잡아먹는다. 몸통 옆줄을 따라 다른 몸 비늘과 사
뭇 다른 커다란 비늘이 다닥다닥 붙어 있다. 가시가 있어서 만지면 따끔
하다. 그물로 잡아서 굽거나 조려 먹는다. 기름기가 많아서 회로 먹어도
고소하고 맛있다.

분류 전기가오리과
사는 곳 남해, 제주
먹이 새우, 갯지렁이, 작은 물고기 따위
몸길이 40cm 안팎
특징 몸에서 전기를 일으킨다.

전기가오리 시끈가오리, 쟁개비 *Narke japonica*

전기가오리는 따뜻한 물을 좋아한다. 제주 바다와 남해에 드물게 산다. 물 깊이가 50m 안쪽인 얕은 바다에 산다. 모랫바닥이나 펄 속에 몸을 숨기고 있다가 작은 물고기가 가까이 오면 재빨리 전기를 일으켜 잡아먹는다. 큰 물고기나 사람이 건드려도 자기 몸을 지키려고 전기를 일으킨다. 우리나라 전기가오리는 40cm쯤 밖에 안 크는데, 대서양에 사는 전기가오리는 150cm가 넘게 큰다.

몸빛 바꾸기
쥐치는 화가 나면 등 가시를 꼿꼿이 세우고
몸빛이 더 짙어진다.

분류 쥐치과
사는 곳 남해, 서해, 제주
먹이 갯지렁이, 새우, 게, 해파리 따위
몸길이 10~20cm
특징 등 가시를 눕혔다 세웠다 한다.

쥐치 딱지 *Stephanolepis cirrhifer*

쥐치는 주둥이가 쥐처럼 뾰족하고 물 밖으로 나오면 '찍찍' 쥐 소리를 낸다. 물 깊이가 20~50m쯤 되는 물속 바위 밭에서 떼 지어 산다. 별일 없을 때는 지느러미를 쫙 펴고 앞뒤로 느릿느릿 헤엄친다. 입으로 물을 세게 뱉어서 온몸에 뾰족한 가시가 돋은 성게를 뒤집어 가시가 없는 배를 톡톡 쪼아 먹는다. 또 입으로 물을 뿜어 모랫바닥을 뒤집어서 숨어 있는 조개나 갯지렁이도 잡아먹는다. 여름에 얕은 바다로 올라와 알을 낳는다. 그물로 잡아서 회, 조림으로 먹는다.

분류 고등어과
사는 곳 남해, 제주, 동해
먹이 작은 물고기, 새우, 오징어 따위
몸길이 3m 안팎
특징 다랑어 가운데 으뜸이다.

참다랑어 참치, 참다랭이 *Thunnus orientalis*

참다랑어는 온 세계 온대와 열대 바다를 돌아다니며 산다. 다른 다랑어
보다 찬물도 잘 견딘다. 봄이 되면 우리나라에 올라와 동해를 서쳐 사
할린과 쿠릴 열도까지 올라간다. 물속 깊게는 잘 안 들어가고 큰 무리를
지어 물낯 가까이에서 헤엄쳐 다닌다. 바닷가 가까이로 오기도 한다. 20
년쯤 산다. 참다랑어는 다랑어 가운데 진짜 다랑어라는 뜻이다. 그만큼
다랑어 무리 가운데 가장 비싸고 맛도 으뜸으로 친다. 회나 초밥을 만
들어 먹는다.

새끼 참돔
새끼 참돔은 몸에 붉은 띠무늬가
다섯 줄 나 있다.

분류 도미과
사는 곳 온 바다
먹이 새우, 게, 오징어, 불가사리 따위
몸길이 1m 안팎
특징 온몸이 빨갛고 푸른 점이 나 있다.

참돔 도미 *Pagrus major*

참돔은 물 깊이가 30~150m쯤 되고 바닥에 자갈이 깔리고 바위가 울퉁불퉁 솟은 곳을 좋아한다. 혼자 살거나 무리를 지어 다닌다. 새우나 오징어나 작은 물고기를 잡아먹는데, 이빨이 튼튼해서 껍데기가 딱딱한 게나 성게나 불가사리도 부숴 먹는다. 겨울에는 더 깊은 바다로 숨거나 따뜻한 남쪽으로 내려갔다가 봄이 되면 다시 올라온다. 도미 가운데 으뜸으로 친다. 그물이나 낚시로 잡아 회, 찜, 구이, 탕으로 먹는다.

분류 학공치과
사는 곳 온 바다
먹이 떠다니는 작은 동물
몸길이 40~50cm
특징 아래턱이 침처럼 뾰족하게 길다.

학공치 공미리^북 *Hyporhamphus sajori*

학공치는 아래턱이 학 부리처럼 길게 튀어나왔다. 따뜻한 물을 따라 봄에 떼 지어 몰려온다. 물 깊이가 얕고 잔잔한 바닷가나 강어귀 물낯 가까이에서 떼 지어 돌아다닌다. 물 위로 뛰어오르기도 하고, 깜짝 놀라면 몸을 초승달처럼 이리저리 휘면서 물낯을 뛰듯이 도망친다. 물에 둥둥 떠다니는 작은 동물들을 잡아먹다가 날씨가 추워지면 남쪽 바다로 내려간다. 알을 낳으러 올 때 낚시나 그물로 잡는다. 꽁치처럼 손으로 잡기도 한다. 회, 구이, 조림으로 먹는다.

수컷 배주머니
수컷은 배주머니에 알을
넣어 키운다.

분류 실고기과
사는 곳 온 바다
먹이 작은 플랑크톤
몸길이 10cm 안팎
특징 수컷이 배주머니에서 새끼를 키운다.

해마 *Hippocampus coronatus*

해마는 아무리 봐도 물고기처럼 안 생겼다. 머리는 말처럼 생겼고 꼬리
는 원숭이 꼬리처럼 길고 동그랗게 말린다. 몸에는 비늘이 없고 단단한
널빤지를 여러 장 붙여 갑옷을 입은 것처럼 보인다. 꼬리를 바닷말에 감
고 몸을 꼿꼿이 세워 물살에 흔들흔들 움직이며 붙어 있다. 입 앞을 지
나가는 작은 플랑크톤을 긴 주둥이로 쪽 빨아서 먹는다. 헤엄을 칠 때
도 몸을 안 누이고 꼿꼿이 선 채로 꼬리를 말고 등지느러미와 가슴지느
러미를 흔들어 헤엄친다.

분류 고등어과
사는 곳 남해, 제주
먹이 작은 물고기, 새우, 오징어 따위
몸길이 2m 안팎
특징 다랑어 가운데 가장 많이 잡는다.

황다랑어 황다랭이 *Thunnus albacares*

황다랑어는 두 번째 지느러미와 뒷지느러미가 낫처럼 길고 노랗다. 온
대와 열대 어느 바다에서도 산다. 다랑어 무리 가운데 가장 폭넓게 산
다. 다른 다랑어처럼 떼 지어 물낯 가까이에서 헤엄치며 돌아다니고, 다
른 다랑어 무리와 섞여 돌아다니기도 한다. 따뜻한 물을 따라 제주와
남해로 올라오는데 동해로는 잘 안 올라간다. 작은 물고기나 오징어, 새
우 따위를 잡아먹는다. 먼바다에서 가장 많이 잡는 다랑어다. 회나 초
밥, 통조림으로 먹는다.

제주 물고기

가시를 세운 가시복
겁을 먹으면 풍선처럼 몸을 부풀리고
가시를 꼿꼿이 세운다.

분류 가시복과
사는 곳 제주, 남해
먹이 성게, 작은 게 따위
몸길이 30〜40cm 안팎
특징 온몸에 가시가 나 있다.

가시복 *Diodon holocanthus*

가시복은 봄여름에 따뜻한 바닷물을 타고 큰 무리를 지어 제주 바다에
올라온다. 바닷말이 자라고 바위가 많은 얕은 바다 밑바닥에서 산다.
온몸에 가시가 돋았는데, 헤엄을 칠 때는 다른 물고기처럼 홀쭉하게 가
시를 몸에 딱 붙인다. 겁이 나거나 화가 날 때만 몸을 풍선처럼 부풀리
고 고슴도치처럼 가시를 세운다. 입이 새 부리처럼 툭 튀어나왔고 튼튼
한 앞니로 작은 게나 성게처럼 딱딱한 먹이도 부숴 먹는다.

몸을 세우고 헤엄치는 갈치
갈치는 물속에서 하늘을 쳐다보며
꼿꼿이 서 있다.

분류 갈치과
사는 곳 제주, 남해, 서해
먹이 작은 물고기, 오징어, 새우
몸길이 1m 안팎
특징 몸이 긴 칼처럼 생겼다.

갈치 칼치^북, 갈치, 풀치 *Trichiurus lepturus*

갈치는 따뜻한 물을 따라 여름에 서해나 남해까지 올라와 알을 낳고 겨울에는 따뜻한 제주도 남쪽으로 내려간다. 이릴 때는 플랑크톤을 먹다가 크면 정어리나 전어 같은 작은 물고기와 새우, 오징어 따위를 잡아먹는다. 먹을 게 없으면 자기 꼬리도 잘라 먹고 서로 잡아먹기도 한다. 여름에서 가을에 많이 잡고 제주도에서는 일 년 내내 잡는다. 밤에 환하게 불을 켜고 낚시로 잡는다. 회, 구이, 찌개로 먹는다.

분류 거북복과
사는 곳 제주, 남해
먹이 작은 새우, 곤쟁이 따위
몸길이 30cm 안팎
특징 거북처럼 몸이 딱딱하다.

거북복 *Ostracion immaculatus*

거북복은 따뜻한 물을 좋아한다. 몸은 상자처럼 네모나고 거북 등딱지처럼 딱딱한 육각형 껍데기로 덮여 있다. 다른 복어와 달리 몸속에 독이 없다. 자기 몸을 지키려고 몸에 붙은 비늘이 딱딱하게 바뀌었다. 몸이 딱딱해서 몸통을 뒤틀거나 휘어서 방향을 틀지 못하고 헤엄을 잘 못친다. 헤엄을 잘 못 치니까 물속 돌 틈이나 바위 밑에 잘 숨는다. 툭 튀어나온 조그만 입으로 작은 새우나 곤쟁이 따위를 잡아먹는다.

고래상어 얼굴
입을 크게 쫙 벌리고 헤엄치면서
플랑크톤이나 작은 물고기를 먹는다.

분류 고래상어과
사는 곳 제주, 남해
먹이 플랑크톤, 작은 물고기
몸길이 20m
특징 몸집이 가장 큰 물고기다.

고래상어 *Rhincodon typus*

고래상어는 세상에서 몸집이 가장 큰 물고기다. 고래만큼 몸집이 크다고 '고래상어'다. 다 크면 몸길이가 20m가 넘고, 몸무게는 40~50톤이 넘는다. 덩치는 커도 성질이 아주 순하다. 물속에서 큰 입을 떡 벌리고 플랑크톤이나 오징어나 멸치 같은 작은 물고기 따위를 걸러 먹는다. 따뜻한 물을 따라 넓은 바다를 돌아다닌다. 물낯 가까이에서 물고기 떼와 함께 헤엄쳐 다닌다. 수가 많지 않아서 보호하고 있는 물고기다.

돌 틈에 숨어 있는 곰치
곰치는 돌 틈에 숨어 있다가 먹이가
가까이 오면 쏜살같이 튀어나온다.

분류 곰치과
사는 곳 제주, 남해
먹이 문어, 새우, 작은 물고기 따위
몸길이 60~70cm
특징 성질이 사납고 이빨이 날카롭다.

곰치 *Gymnothorax kidako*

곰치는 물 깊이가 3~30m쯤 되는 따뜻한 바닷속 바위 밭이나 산호 밭
에서 산다. 낮에는 산호나 돌 틈에 긴 몸뚱이를 죄다 숨기고 머리만 빠
끔 내놓는다. 작은 물고기나 새우나 문어 따위가 가까이 오면 용수철처
럼 튀어나가 덥석 물어 잡는다. 이빨이 송곳처럼 뾰족하고 입 안쪽으로
휘어 있어서 한번 물면 놓치지 않는다. 밤에는 나와 돌아다니면서 먹이
를 찾는다. 생김새는 사나워도 사람한테는 잘 안 덤빈다. 하지만 잘못
물렸다가는 크게 다칠 수 있다.

분류 귀상어과
사는 곳 온 바다
먹이 물고기, 오징어, 게 따위
몸길이 4m 안팎
특징 머리가 망치처럼 생겼다.

귀상어 양재기, 안경상어 *Sphyrna zygaena*

귀상어는 따뜻한 물을 좋아해서 온 세계 온대와 열대 바다에 산다. 먼 바다에 살며 바닷가 가까이로는 살 안 온다. 머리가 망치처럼 양쪽 옆으로 길쭉하다. 눈은 머리 양 끝에 있다. 바닷속 가운데나 바닥을 헤엄쳐 다니면서 물고기나 오징어나 게 따위를 잡아먹는다. 노랑가오리를 좋아해서 목과 혀에 노랑가오리 꼬리에 달린 독가시가 박혀 있기도 하다. 다 크면 몸길이가 4m쯤 된다. 백상아리나 청상아리처럼 사나워서 사람한테도 덤빈다.

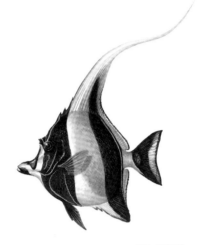

분류 깃대돔과
사는 곳 제주
먹이 산호, 해면동물
몸길이 25cm
특징 등지느러미가 깃대처럼 길다.

깃대돔 *Zanclus cornutus*

등지느러미가 깃대처럼 길게 늘어졌다고 '깃대돔'이다. 등지느러미는 낮 모양으로 생겼고 자기 몸길이보다도 길다. 바위 밭이나 산호 밭에 많이 산다. 짝을 지어 다니거나 가끔 무리를 지어 떼로 몰려다닌다. 혼자 다닐 때도 있다. 길쭉한 주둥이로 산호를 톡톡 쪼아 먹거나 해면동물을 잡아먹는다. 주둥이가 길쭉해서 바위나 돌 틈에 숨은 작은 동물도 날름날름 잘 빼 먹는다. 예쁘게 생겨서 수족관에서 많이 기른다.

분류 나비고기과
사는 곳 제주, 남해
먹이 산호, 바닷말, 작은 새우, 플랑크톤 따위
몸길이 15cm 안팎
특징 나비처럼 예쁘다고 '나비고기' 다.

나비고기 *Chaetodon auripes*

나비고기는 가슴지느러미를 나비처럼 팔락이며 헤엄친다고 이런 이름
이 붙었다. 몸빛도 노랑나비처럼 노랗다. 따뜻한 물을 좋아하고 산호 밭
에서 많이 산다. 늘 혼자 다니는데 짝짓기 때에는 짝을 지어 다닌다. 뾰
족한 주둥이로 산호를 톡톡 쪼아 먹는다. 덩치는 작아도 자기 사는 곳
에 다른 물고기가 들어오면 득달같이 달려들어 쫓아낸다. 낮에는 여기
저기 돌아다니다가 밤이 되면 산호초에 몸을 숨기고 쉰다. 수족관에서
많이 키운다.

분류 자리돔과
사는 곳 제주
먹이 플랑크톤
몸길이 17cm
특징 온몸이 노랗다.

노랑자리돔 *Chromis analis*

온몸이 샛노랗다고 '노랑자리돔'이다. 어릴 때는 노랗다가 크면 등 쪽이 밤색을 띤다. 물 깊이가 20~30m쯤 되는 바위 밑이나 산호초, 동굴에서 산다. 무리를 안 짓고 혼자 사는데 가끔 작은 무리를 이루기도 한다. 여름에 짝짓기를 하는데, 수컷이 알 낳을 곳을 만들면 암컷이 와서 알을 낳는다.

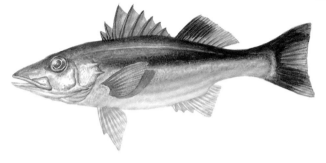

분류 바리과
사는 곳 제주, 남해
먹이 작은 물고기나 오징어, 새우 따위
몸길이 1m 안팎
특징 온몸에 자줏빛이 돈다.

다금바리 뻘농어 *Niphon spinosus*

다금바리는 따뜻한 물을 좋아한다. 물 깊이가 100~200m쯤 되는 깊은
바닷속 바위 밭에서 산다. 자바리보다 깊은 물에서 사는데, 자바리처럼
한번 집을 정하면 안 떠난다. 낮에는 바위틈에 숨어 있다가 해거름에 나
와서 작은 물고기나 오징어, 새우 따위를 잡아먹는다. 5~8월에 바위틈
에 들어가 짝짓기를 하고 알을 낳는다. 깊은 물속에 살아서 사는 모습이
아직 덜 알려졌다. 낚시로 드물게 잡힌다. 여름이 제철이고 회나 구이로
먹는다.

분류 독가시치과
사는 곳 제주, 남해
먹이 바닷말, 새우, 갯지렁이
몸길이 40cm
특징 가시에 독이 있다.

독가시치 따치 *Siganus fuscescens*

독가시치는 따뜻한 바다에서 산다. 물 깊이가 10m 안팎이고 바닷말이 숲을 이루고 바위가 울퉁불퉁 솟은 곳에서 산다. 낮에 떼를 지어 몰려 다니면서 바닷말을 뜯어 먹는다. 사람들은 바닷가 갯바위에서 낚시로 많이 잡는다. 등지느러미, 배지느러미, 뒷지느러미 가시가 모두 송곳처럼 뾰족한 독가시다. 잡았을 때 가시에 안 찔리게 조심해야 한다. 찔리면 머리가 아프고 얼굴과 눈이 빨갛게 달아오르기도 한다. 겨울에 잡아서 회를 떠 먹는다.

분류 돌묵상어과
사는 곳 온 바다
먹이 플랑크톤, 작은 물고기
몸길이 15m
특징 고래상어 다음으로 몸집이 크다.

돌묵상어 물치 *Cetorhinus maximus*

돌묵상어는 고래상어 다음으로 몸집이 큰 상어다. 온 세계 온대 바다를 무리 지어 돌아다닌다. 우리나라 바다에 가끔 나타난다. 혼자 다니기도 하고 두세 마리가 함께 다니기도 하는데, 가끔 두세 마리가 길잡이를 하고 수십 수백 마리가 따라 헤엄치기도 한다. 덩치는 커도 고래상어처럼 순하다. 바다 위로 뾰족한 등지느러미를 내놓고 온종일 떠다니며 큰 입을 쫙 벌리고 쪼그만 플랑크톤을 걸러 먹는다. 가끔 물 위로 뛰어오르기도 한다.

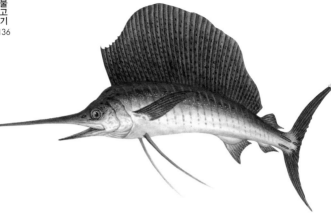

분류 황새치과
사는 곳 제주, 남해
먹이 작은 물고기, 오징어 따위
몸길이 3m 안팎
특징 등지느러미가 돛처럼 크다.

돛새치 부채 *Istiophorus platypterus*

돛새치는 먼바다에서 여러 마리가 무리 지어 헤엄쳐 다닌다. 바닷물고
기 가운데 헤엄을 가장 잘 쳐서 100km 넘는 속도를 낸다. 여러 마리가
서로 도와서 물고기 떼를 한곳에 구름처럼 똘똘 뭉치게 한다. 그리고는
돛을 쫙 펼치고 쏜살같이 달려 들어가 쇠꼬챙이 같은 주둥이로 먹이를
후려쳐 잡는다. 따뜻한 바닷물을 따라 남해까지 올라온다. 새치 무리
가운데 바닷가로 가장 가깝게 다가온다. 낚시로 잡아서 꽝꽝 얼려 회로
먹는다.

두동가리돔 싸움
두동가리돔은 자기 사는 곳으로
다른 두동가리돔이 들어오면 서로
입으로 쪼면서 싸운다.

분류 나비고기과
사는 곳 제주
먹이 플랑크톤, 작은 바다 동물
몸길이 25cm 안팎
특징 깃대돔과 닮았다.

두동가리돔 *Heniochus acuminatus*

두동가리돔은 깃대돔처럼 등지느러미가 길쭉하게 늘어졌다. 언뜻 보면 깃대돔이랑 똑 닮았다. 깃대돔 주둥이가 뾰속하다면, 두동가리돔 주둥이는 조금 둥그스름하다. 등지느러미와 꼬리지느러미는 노랗다. 깃대돔처럼 산호 밭에 많이 산다. 어려서는 혼자 살지만 크면 짝을 지어 산다. 자기 사는 곳에 다른 두동가리돔이 들어오면 입으로 서로 쪼면서 싸운다. 싸우는 모습이 꼭 뽀뽀하는 것처럼 보인다.

분류 뱀장어과
사는 곳 제주, 남해
먹이 작은 물고기, 새우, 조개, 게, 개구리
몸길이 1~2m
특징 천연기념물로 보호한다.

무태장어 제주뱀장어 *Anguilla marmorata*

무태장어는 뱀장어처럼 민물에서 살다가 깊은 바다로 들어가 알을 낳는다. 알에서 깨어난 새끼는 먼바다를 헤엄쳐 와서 강을 거슬러 올라간다. 민물에서 어른이 될 때까지 오 년에서 팔 년쯤 지낸다. 낮에는 구멍이나 돌 틈에 숨어 있다가 밤에 나와서 먹이를 잡는다. 먹성이 게걸스러워서 작은 물고기나 새우나 개구리 따위를 닥치는 대로 먹는다. 배가 부르면 벌러덩 누워 잠을 잔다. 천연기념물로 정해서 보호하고 있다.

분류 바리과
사는 곳 제주, 남해
먹이 작은 물고기나 새우, 게 따위
몸길이 40cm 안팎
특징 온몸에 빨간 점이 나 있다.

붉바리 *Epinephelus akaara*

붉바리는 바닷가 바위 구멍이나 틈에 산다. 자바리처럼 한번 자리를 잡으면 안 떠난다. 낮에는 숨어 있다가 밤에 나와 돌아다니며 먹이를 잡는다. 밤색 몸빛에 빨간 점무늬가 온몸에 동글동글 나 있다. 몸길이가 40cm 안팎인 것이 흔하다. 낚시나 그물에 가끔 걸린다. 일 년 내내 잡히는데 여름이 제철이다. 회, 구이, 조림, 탕으로 먹는다.

빨판
빨판이 꼭 빨래판처럼 생겼다.

분류 빨판상어과
사는 곳 온 바다
먹이 큰 물고기가 먹고 흘린 찌꺼기
몸길이 60~70cm
특징 큰 물고기 몸에 붙어산다.

빨판상어 *Echeneis naucrates*

빨판상어는 자기보다 덩치 큰 상어나 가오리나 거북이나 고래에 빌붙어
산다. 상어에 많이 붙어 다닌다고 '빨판상어'다. 이름만 상어지 상어가
아니다. 머리 위에 빨래판처럼 생긴 빨판이 있어서 덩치 큰 물고기 배에
딱 붙는다. 큰 물고기가 먹이를 먹다 찌꺼기를 흘리면 냉큼 달려가 받아
먹고는 다시 돌아와 착 달라붙는다. 달라붙는 힘이 아주 세서 사람이
일부러 떼 내려 해도 안 떨어진다.

분류 자리돔과
사는 곳 제주
먹이 플랑크톤, 바닷말
몸길이 15cm
특징 온몸이 까맣고, 하얀 점이 있다.

샛별돔 *Dascyllus trimaculatus*

샛별돔은 따뜻한 물을 좋아하는 물고기다. 온몸이 새까맣지만 머리 위
와 등에 새하얀 점이 있어서 물속에서도 눈에 잘 띈다. 어릴 때는 5~10
마리가 무리 지어 다니며 말미잘 숲에서 산다. 흰동가리처럼 다른 물고
기는 얼씬도 안 하는 말미잘 속에 들어가 제 몸을 지키고 다른 물고기
를 꼬여 와서 말미잘이 잡아먹게 해 준다. 다 크면 말미잘 숲을 떠나 동
물성 플랑크톤이나 바닷말을 먹는다. 제주 바다에서 가끔 볼 수 있다.

분류 나비고기과
사는 곳 제주, 남해
먹이 산호, 바닷말, 작은 새우, 플랑크톤
몸길이 10cm 안팎
특징 등지느러미에 까만 점이 있다.

세동가리돔 *Chaetodon modestus*

세동가리돔은 나비고기와 생김새가 닮았는데, 몸에 노란 세로줄이 석 줄 나 있다. 맨 앞줄은 눈을 지난다. 등지느러미 뒤쪽 아래에는 까만 점이 댕그랗게 하나 있다. 꼭 커다란 눈 같아서 덩치 큰 물고기가 덤벼들 때 어디가 앞인지 헷갈리게 한다. 물 깊이가 10m쯤 되고 바닥에 모래가 깔리거나 바위가 많은 곳에서 산다.

활짝 편 가슴지느러미
덩치 큰 물고기가 다가오면 새 날개처럼
생긴 가슴지느러미를 활짝 편다.

분류 양볼락과
사는 곳 제주, 남해
먹이 작은 물고기
몸길이 30cm
특징 가슴지느러미를 활짝 편다.

쏠배감펭 *Pterois lunulata*

쏠배감펭은 따뜻한 물을 좋아한다. 낮에는 바위틈에 숨어 있다가 밤이
되면 나와 돌아다닌다. 느긋하게 헤엄치다가도 먹이를 보면 재빨리 다가
가 커다란 가슴지느러미를 펼쳐 구석으로 몰아서 큰 입으로 재빨리 삼
킨다. 송곳처럼 뾰족한 지느러미 가시에 아주 센 독이 있다. 사람이 찔
리면 정신을 잃을 정도다. 덩치 큰 물고기가 잡아먹으려고 하면 기다란
등지느러미를 곧추세우고 가슴지느러미를 새 날개처럼 활짝 편다.

쏠종개 얼굴
쏠종개는 메기처럼 입가에
수염이 나 있다. 등지느러미와
가슴지느러미에는 독가시가 있다.

독가시

분류 쏠종개과
사는 곳 제주, 남해
먹이 작은 새우 따위
몸길이 30cm
특징 입가에 수염이 났다.

쏠종개 쐐기 *Plotosus lineatus*

쏠종개는 민물에 사는 메기를 똑 닮았다. 따뜻한 바닷속 바위 밑에서
무리를 지어 산다. 어린 새끼들은 수십 수백 마리가 한 몸처럼 둥글게
모여 있다. 낮에는 어두컴컴한 곳에 떼로 숨어 있다가 밤에 한 마리 한
마리씩 따로 나와서 작은 새우 따위를 잡아먹는다. 등지느러미와 가슴
지느러미 가시를 꼿꼿이 세우고 서로 비벼서 소리도 낸다. 다 크면 혼자
산다. 등지느러미와 가슴지느러미에 독가시가 있다. 찔리면 시큰시큰 아
프다.

새끼 낳기
쏨뱅이 암컷은 알을
배고 있다가 한겨울에
새끼를 낳는다.

분류 양볼락과
사는 곳 제주, 남해
먹이 새우, 게, 작은 물고기
몸길이 30cm 안팎
특징 독가시로 쏜다.

쏨뱅이 삼뱅이 *Sebastiscus marmoratus*

쏨뱅이는 바닷가 물속 바위 밭에서 산다. 늘 돌 틈에 숨어 살면서 멀리
헤엄쳐 나가지 않는다. 밤에 나와 어슬렁거리면서 먹이를 잡아먹는다.
여름에는 얕은 곳으로 올라왔다가 겨울에는 깊은 곳으로 들어간다. 갯
바위에서 낚시로 많이 잡는다. 등지느러미 가시에 독이 있고, 머리와 아
가미뚜껑에도 뾰족한 가시가 있다. 지느러미 가시에 쏘이면 아주 시큰
시큰 아프다. 지느러미에 독이 있어도 맛은 좋아서 남해나 제주도 사람
들이 많이 잡는다.

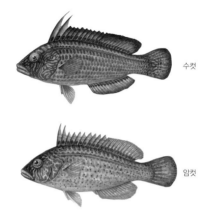

수컷

암컷

분류 놀래기과
사는 곳 제주, 남해
먹이 갯지렁이, 조개, 새우, 게 따위
몸길이 20cm쯤
특징 암컷과 수컷 몸빛이 다르다.

어렝놀래기 *Pteragogus flagellifer*

어렝놀래기는 우리나라에 사는 놀래기 가운데 가장 따뜻한 바다에서
산다. 제주 바다에 흔하다. 바닷말이 수북이 자란 바위 밭에서 산다. 낮
에는 나와 돌아다니면서 먹이를 잡아먹고 밤에는 바위틈에 숨어 잠을
잔다. 다른 놀래기처럼 암컷과 수컷 몸빛이 다르고, 크면서 암컷에서 수
컷으로 몸이 바뀐다.

분류 자리돔과
사는 곳 제주
먹이 플랑크톤
몸길이 10cm
특징 지느러미가 파랗다.

연무자리돔 *Chromis fumea*

연무자리돔은 열대 바다에 살고 우리나라에서는 제주 바다에서만 볼수 있다. 물 깊이가 10~20m쯤 되는 산호 밭이나 바위 밭에서 떼를 시어산다. 자리돔과 함께 떼 지어 다니기도 한다. 90년대까지 자리돔과 같은종으로 여겼다. 자리돔보다 몸높이가 낮고 옆으로 납작하다. 등지느러미, 배지느러미, 꼬리지느러미가 파랗다.

분류 옥돔과
사는 곳 제주, 남해
먹이 게, 새우, 갯지렁이 따위
몸길이 40~60cm
특징 몸빛이 옥처럼 예쁘다고 옥돔이다.

옥돔 생선오름 *Branchiostegus japonicus*

옥돔은 따뜻한 물에 산다. 물 깊이가 30~150m쯤 되고 모래가 깔린 바닥에 산다. 모래에 구멍을 파고 들어가 있고 멀리 안 돌아다닌다. 바닥에 사는 작은 물고기나 게나 새우나 갯지렁이 따위를 잡아먹는다. 날씨가 쌀쌀해지는 가을에 제주도 바닷가에서 알을 낳는다. 사람들은 배를 타고 나가서 낚시로 많이 잡는다. 겨울이 제철이다. 옛날부터 제사상에 오를 만큼 맛 좋은 물고기다.

수컷

암컷

분류 놀래기과
사는 곳 제주, 남해, 서해
먹이 갯지렁이, 조개, 새우, 게 따위
몸길이 25cm쯤
특징 크면서 암컷에서 수컷으로 몸이 바뀐다.

용치놀래기 용치, 고생이, 수멩이 *Halichoeres poecilopterus*

용치놀래기는 바닥에 바위가 울퉁불퉁 솟고, 바위 사이에 모래가 깔려 있는 따뜻한 바다에서 산다. 주둥이가 길쭉하고 이빨이 송곳처럼 뾰족하고 강하다. 바위틈에 숨어 있는 갯지렁이나 껍데기가 딱딱한 새우나 게나 조개 따위를 닥치는 대로 쪼아 먹는다. 날씨가 쌀쌀해지고 물이 차가워지면 아예 모랫바닥에 들어가 이듬해 봄까지 겨울잠을 잔다. 암컷과 수컷 몸 빛깔이 아주 다르다. 또 어릴 때는 암컷이었다가 크면서 수컷으로 몸이 바뀐다.

알을 지키는 수컷
자리돔 수컷은 알에서 새끼가
깨어날 때까지 곁을 지킨다.

분류 자리돔과
사는 곳 제주, 남해, 울릉도, 독도
먹이 플랑크톤
몸길이 15cm 안팎
특징 수컷이 알을 지킨다.

자리돔 *Chromis notata*

자리돔은 물이 따뜻하고 바위가 울퉁불퉁 많은 바닷가나 산호 밭에서 떼로 몰려다니며 산다. 꼬리 쪽에 눈알 크기만 한 하얀 점이 있어서 햇살을 받으면 반짝반짝 빛난다. 물 밖으로 나오면 하얀 점은 감쪽같이 사라진다. 작은 입을 쫑긋거리면서 조그만 플랑크톤을 호록호록 잡아먹는다. 낮에는 떼 지어 다니다가 밤이 되면 돌 틈이나 산호 속에 들어가 잠을 잔다. 여름이 제철이다. 잡아서 뼈째 썰어 회로 먹거나 물회를 만들어 먹는다.

분류 바리과
사는 곳 제주, 남해
먹이 작은 물고기, 게, 새우 따위
몸길이 1m
특징 크면서 줄무늬가 없어진다.

자바리 *Epinephelus bruneus*

몸빛이 자줏빛이라고 '자바리'다. 따뜻한 물을 좋아한다. 물 깊이가 200m 안쪽인 바닷가 바위틈이나 굴에서 혼자 산다. 한번 집으로 정하면 좀처럼 안 떠난다. 새끼 때부터 서로 가까이 있는 걸 안 좋아해서 자리다툼을 한다. 해거름녘에 굴에서 나와 먹이를 잡아먹는다. 어릴 때는 플랑크톤을 먹다가 크면서 물고기나 새우나 게 따위를 잡아먹는다. 1m 넘게 자라는데 다 크면 몸 무늬가 없어진다. 낚시로 잡는데 많이 안 잡힌다. 겨울이 제철이고 회나 탕으로 먹는다.

알을 지키는 줄도화돔
수컷은 새끼가 깨어날 때까지 알을
입에 넣고 다닌다.

분류 동갈돔과
사는 곳 온 바다
먹이 작은 새우, 물고기 따위
몸길이 10~13cm
특징 수컷이 입에 알을 넣어 지킨다.

줄도화돔 도화돔 *Apogon semilineatus*

줄도화돔은 따뜻한 물에 산다. 얕은 바닷가에서부터 물속 100m 깊은
곳까지 산다. 물속 바위 밑에서 떼 지어 돌아다닌다. 몸집이 더 큰 자리
돔과 함께 큰 무리를 이루기도 한다. 밤에 떼 지어 다니면서 작은 새우
나 곤쟁이나 플랑크톤 따위를 먹고 산다. 다 커도 크기가 어른 손가락만
하다. 여름에 짝짓기를 하고 암컷이 알을 낳으면, 수컷이 알을 입에 넣어
새끼가 깨어날 때까지 돌본다. 수컷은 새끼가 깨어날 때까지 아무것도
안 먹는다.

쥐가오리는 입을 크게 벌리고
헤엄치면서 플랑크톤을 걸러 먹는다.

분류 매가오리과
사는 곳 제주, 남해
먹이 플랑크톤, 작은 새우
몸길이 2~3m
특징 새처럼 날갯짓하며 헤엄친다.

쥐가오리 쥐가우리 *Mobula japonica*

쥐가오리는 따뜻한 물을 따라 먼바다를 돌아다닌다. 가슴지느러미를
날개처럼 너울거리면서 헤엄친다. 입을 크게 벌리고 헤엄치면서 플랑크
톤이나 새우 따위를 걸러 먹는다. 먹이가 많으면 수십 마리가 떼로 모여
든다. 상어 같은 천적이 달려들거나, 몸에 붙은 기생충을 떼어 내려고
물 밖으로 높이 뛰어올라 공중제비를 돌기도 한다. 쥐가오리 배에는 빨
판상어가 딱 붙어 헤엄치기도 한다. 알을 안 낳고 새끼를 일고여덟 마리
쯤 낳는다.

분류 악상어과
사는 곳 온 바다
먹이 참치, 농어, 청어, 오징어
몸길이 2~6m
특징 상어 가운데 가장 빠르다.

청상아리 *Isurus oxyrinchus*

청상아리는 백상아리처럼 성질이 사나워서 사람한테도 덤빈다. 상어 무리 가운데 헤엄을 가장 빠르게 잘 친다. 백상아리보다 먼바다에 살아서 우리나라에는 봄과 여름에 가끔 나타난다. 백상아리 이빨은 삼각형이고 가장자리가 톱니 같은데, 청상아리는 가장자리가 매끈하고 가늘며 안쪽으로 휘었다. 백상아리처럼 새끼를 낳는다. 참치나 농어나 청어 같은 물고기와 오징어를 잡아먹는다. 6m쯤까지도 큰다.

청새치는 빠르게
헤엄치다가 가끔 물 위로
펄쩍 뛰어오른다.

분류 황새치과
사는 곳 제주
먹이 작은 물고기
몸길이 3~4m
특징 입이 창처럼 뾰족하다.

청새치 용삼치 *Tetrapturus audax*

청새치는 먼바다에서 헤엄쳐 다니다가, 따뜻한 물을 따라 제주 바다로
올라온다. 물낯 가까이에서 아주 빠르게 헤엄쳐 다닌다. 가끔 물 밖으로
뛰어오르고 바닷속 200m까지도 들어간다. 작은 물고기를 쫓아가서 잡
아먹거나 길고 뾰족한 주둥이를 휘둘러 먹이를 기절시킨 뒤 잡아먹기도
한다. 청새치는 상어만큼 몸집이 아주 크다. 다랑어 그물에 잘 걸린다.
사람들이 배를 타고 나가 낚시나 작살로 잡는다. 가끔 배에 부딪쳐 뾰족
한 주둥이로 구멍을 낸다. 사람이 하도 잡는 바람에 수가 확 줄었다.

분류 청줄돔과
사는 곳 제주, 남해
먹이 플랑크톤, 작은 새우 따위
몸길이 20cm 안팎
특징 온몸에 파란 줄이 있다.

청줄돔 *Chaetodontoplus septentrionalis*

청줄돔은 따뜻한 바다에 사는 물고기다. 원래 열대 바다에 살던 물고기
인데 우리 바닷물이 따뜻해지면서 올라와 살게 되었다. 얕은 바닷가 바
위 밭이나 산호 밭에서 산다. 수컷 한 마리와 암컷 여러 마리가 작은 무
리를 지어 이리저리 헤엄쳐 다닌다. 노란 몸통에 파란 줄무늬가 머리에
서 꼬리까지 길게 나 있어서 금방 알아 볼 수 있다. 어릴 때는 몸이 까맣
고 머리에 노란 줄이 나 있다. 수족관에서 키운다.

덩치 큰 물고기가 입을 쩍 벌리고
있으면 청줄청소놀래기가 와서
청소를 해 준다.

분류 놀래기과
사는 곳 제주
먹이 먹다 남은 찌꺼기, 기생충 따위
몸길이 12cm 안팎
특징 다른 물고기를 청소해 준다.

청줄청소놀래기 *Labroides dimidiatus*

청줄청소놀래기는 다른 물고기 몸을 깨끗하게 청소해 준다. 이빨 사이
에 낀 찌꺼기나 몸과 아가미에 붙어사는 기생충이나 너덜너덜해진 살갗
도 깨끗하게 먹어 치운다. 곰치나 상어처럼 사나운 물고기도 청소가 끝
날 때까지 꼼짝을 안 한다. 몸이 큰 어른청소놀래기가 입을 청소하고 작
은 새끼들이 아가미를 청소해 주기도 한다. 한 마리 청소해 주는 데 일
분쯤 걸린다.

분류 톱상어과
사는 곳 제주, 남해
먹이 작은 물고기
몸길이 1m 안팎
특징 주둥이가 톱처럼 생겼다.

톱상어 줄상어 *Pristiophorus japonicus*

주둥이가 톱처럼 생겼다고 '톱상어'다. 남해와 제주도 바닷가에 드물
게 산다. 일본과 대만에도 산다. 상어 무리 가운데 몸집이 작은 편이다.
바닥에 살면서 긴 주둥이로 진흙을 헤집어 작은 동물들을 잡아먹는다.
또 물고기 떼 속으로 뛰어 들어가 주둥이를 휘둘러 먹이를 기절시킨 뒤
잡아먹기도 한다. 주둥이가 날카로워서 세게 휘두르면 물고기가 두 동
강 나기도 한다. 톱상어는 다른 상어처럼 새끼를 낳는다. 한 번에 12마
리쯤 낳는다. 요즘에는 드물어서 보기 어렵다.

분류 자리돔과
사는 곳 제주, 남해
먹이 플랑크톤, 작은 동물
몸길이 7~8cm
특징 온몸이 파랗다.

파랑돔 *Pomacentrus coelestis*

파랑돔은 따뜻한 물을 좋아해서 제주 바다와 남해에 사는데, 따뜻한 물을 따라 울릉도와 독도까지 올라가기도 한다. 온몸이 파랗고 배지느러미, 뒷지느러미, 꼬리지느러미는 노랗다. 크기는 어른 손가락만 하지만 바닷속에서 눈에 확 띈다. 바닷가 바위 밭이나 산호 밭에서 산다. 몸집이 작아서 바위틈이나 산호 사이에 쏙쏙 잘 들어가 숨는다. 한여름에 수컷이 돌 밑에 자리를 잡고 암컷을 데려와 짝짓기를 한다. 암컷이 알을 낳으면 수컷이 곁을 지킨다.

수컷

암컷

분류 놀래기과
사는 곳 제주, 남해, 서해
먹이 갯지렁이, 조개, 새우, 게 따위
몸길이 25cm쯤
특징 크면서 암컷에서 수컷으로 바뀐다.

황놀래기 *Pseudolabrus sieboldi*

황놀래기는 놀래기나 용치놀래기보다 더 깊은 물속에서 산다. 깊은 바
닷속 바닷말과 바위가 있는 곳을 좋아한다. 바닷말 사이에서 새우나 조
개, 게를 잡아먹는다. 낮에 돌아다니고 밤에는 바위틈에 숨어 잠을 잔
다. 겨울이 되면 모래 속에 들어가 겨울잠을 잔다. 용치놀래기처럼 어릴
때는 암컷이었다가 크면 수컷으로 몸이 바뀐다. 암컷과 수컷 몸빛도 다
르다.

흰동가리는 독침이 있는
말미잘과 함께 산다.

분류 자리돔과
사는 곳 제주
먹이 작은 새우, 바닷말 따위
몸길이 5~7cm
특징 말미잘과 서로 도우며 산다.

흰동가리 *Amphiprion clarkii*

흰동가리는 다른 물고기는 얼씬도 안 하는 말미잘과 더불어 살아간다.
말미잘 수염에 독이 있어서 다른 물고기들은 말미잘이랑 함께 못 산다.
그런데 흰동가리는 어릴 때 면역이 생기고, 살갗에서 끈끈한 물을 내서
말미잘 독침에도 끄떡없다. 말미잘 속에 숨어 있으면 덩치 큰 물고기들
이 어쩌지 못한다. 말미잘 속에 숨어 사는 대신 찌꺼기를 깨끗하게 치워
주고, 다른 물고기를 꾀어 와서 말미잘이 잡아먹게 해 준다.

바닷물고기 더 알아보기

우리 바다

우리나라는 동쪽, 서쪽, 남쪽으로 바다가 있다. 동해는 모래가 바닥에 쫙 깔려 있고 바닷가를 벗어나면 2,000~3,000m까지 깊어진다. 서해는 질척질척한 갯벌이 넓게 펼쳐져 있고, 물이 얕아서 평균 깊이가 44m쯤 된다. 남해는 갯바위가 많고, 바닷가가 꼬불꼬불하다. 제주는 바다가 따뜻해서 산호초가 있다. 바다마다 사는 물고기도 다르고 사는 모습도 다르다.

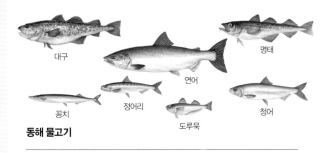

대구

명태

연어

정어리

꽁치

도루묵

청어

동해 물고기

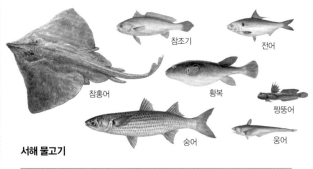

참조기

전어

참홍어

황복

짱뚱어

숭어

웅어

서해 물고기

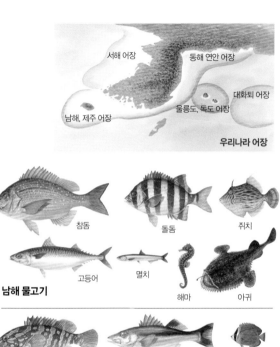

서해 어장

동해 연안 어장

대화퇴 어장

울릉도, 독도 어장

남해, 제주 어장

우리나라 어장

참돔

돌돔

쥐치

고등어

멸치

해마

아귀

남해 물고기

자바리

다금바리

나비고기

옥돔

흰동가리

무태장어

쏠배감펭

갈치

제주 물고기

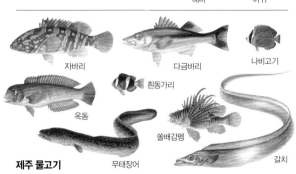

해류

바닷물은 가만히 고여 있지 않고 강물처럼 흐른다. 강물처럼
바닷물이 흐른다고 한자말로 '해류'라고 한다. 따뜻한 바닷물이
흐르면 '난류'라고 하고, 차가운 바닷물이 흐르면 '한류'라고 한

북한 한류

중국 연안 한류

쓰시마 난류

서해 난류

구로시오 난류

다. 적도에서 뜨거워진 바닷물은 위쪽으로 올라오고, 북극에서 차가워진 바닷물은 아래쪽으로 내려온다. 그래서 우리나라 남쪽에서는 따뜻한 바닷물이 올라오고. 북쪽에서는 차가운 바닷물이 내려온다. 여름에는 따뜻한 바닷물이 더 위쪽까지 올라가고, 겨울에는 차가운 바닷물이 더 아래쪽까지 내려온다. 제주 바다에서 먼 동중국해를 흐르는 구로시오 난류에서 쓰시마 난류가 갈라져 제주와 남해를 거쳐 동해까지 올라가 차가운 바닷물과 뒤섞인다. 또 제주 바다 남쪽에서 쓰시마 난류에서 갈라진 따뜻한 바닷물이 서해로 들어온다.

따뜻한 바닷물을 따라 올라오는 물고기

차가운 바닷물을 따라 내려오는 물고기

청어　　명태　　대구

겨울에 남쪽으로 내려오는 물고기

꽁치　　정어리　　고등어

여름에 북쪽으로 올라오는 물고기

황어　　송어　　연어

강을 거슬러 올라가는 물고기

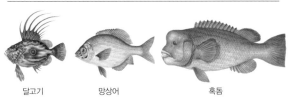

달고기　　망상어　　혹돔

독도에 사는 물고기

동해 물고기

동해는 따뜻한 물과 차가운 물이 뒤섞이는 바다다. 겨울에는 차가운 바닷물이 남해까지 내려오고, 여름에는 따뜻한 바닷물이 울릉도, 독도까지 올라온다. 그래서 동해에는 여름과 겨울에 잡히는 물고기가 다르다. 겨울에는 찬물을 따라 명태, 대구 따위가 내려온다. 여름에는 따뜻한 물을 따라 고등어, 삼치 따위가 올라온다. 연어나 송어, 황어는 동해로 흐르는 강을 거슬러 올라가 알을 낳는다. 깊은 바다는 늘 차가워서 차가운 물에 사는 참가자미, 임연수어, 도루묵 같은 물고기가 눌러산다. 동해에는 모두 450종쯤 되는 물고기가 산다.

동해는 우리나라 바다 가운데 가장 깊다. 바닷가를 따라 얕은 바다인 대륙붕이 조금 있다가 바로 절벽처럼 깊어진다. 평균 물 깊이는 1,684m이고, 가장 깊은 곳은 3,762m쯤 된다. 동해 바닷가는 서해나 남해 바닷가와 달리 가지런하고 밋밋하다. 또 밀물이 들어올 때와 썰물이 빠져나갈 때 차이가 1m 밖에 안 나서 갯벌이 없다.

동해에는 섬도 거의 없다. 먼바다에 울릉도와 독도가 외따로 떨어져 동그마니 솟아 있을 뿐이다. 울릉도와 독도는 깊은 바닷속에서 솟아오른 높다란 산이다. 울릉도와 독도에는 동해로 올라오는 따뜻한 물 때문에 혹돔, 망상어, 옥돔 같은 따뜻한 물에 사는 물고기가 눌러살고 있다.

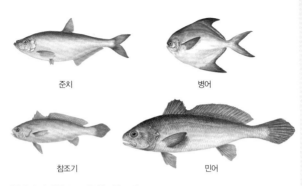

준치

병어

참조기

민어

철마다 바다를 오르내리는 물고기

뱅어

가숭어

황복

웅어

강을 오르내리는 물고기

말뚝망둥어

짱뚱어

갯벌에 사는 물고기

서해 물고기

서해는 물 색깔이 누렇다고 '황해'라고도 한다. 바다지만 한쪽만 트여 있고 나머지는 우리나라와 중국이 둘러싸고 있다. 평균 물 깊이가 44m쯤 되고, 가장 깊은 곳은 124m쯤 된다. 우리나라 바다 가운데 가장 얕다. 태평양 쪽에서 따뜻한 바닷물이 들어왔다가 서해를 휘돌아서 나간다. 그래서 따뜻한 물에 사는 물고기들이 따라 올라왔다가 겨울에 물이 차가워지면 다시 따뜻한 남쪽 바다로 내려간다. 쥐노래미처럼 눌러사는 물고기도 있고 홍어처럼 겨울에 알을 낳으러 오는 물고기도 있다. 참조기, 황복 같은 물고기는 서해에서만 볼 수 있다. 서해에는 바닷물고기가 340종쯤 산다.

우리나라 한강, 금강, 영산강, 압록강과 중국 황허강, 양쯔강 같은 큰 강들이 서해로 흘러든다. 그래서 바닷물이 동해나 남해보다 덜 짜다. 민물과 짠물이 뒤섞이는 강어귀에는 먹을거리가 많아서 물고기들이 많이 모여든다.

서해는 밀물과 썰물이 하루에 두 번씩 오르락내리락한다. 바닥이 완만해서 밀물 때는 바닷물이 쑥 들어왔다가도 썰물 때는 저만치 물러난다. 그래서 갯벌이 아주 넓게 펼쳐진다. 갯벌은 꼭 썩은 땅 같지만 사실은 아주 기름진 땅이다. 갯벌에는 물고기뿐만 아니라 게, 조개, 낙지, 갯지렁이 같은 온갖 생명들이 깃들어 산다.

따뜻한 물에 사는 물고기

따뜻한 먼바다를 돌아다니는 물고기

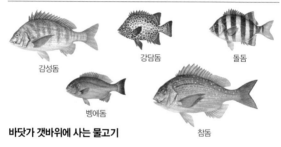

바닷가 갯바위에 사는 물고기

독가시를 가진 물고기

남해 물고기

남해는 경상남도 부산에서 전라남도 진도까지 바다다. 섬이 많다고 '다도해'라고도 한다. 우리나라 섬 가운데 절반이 넘는 섬이 2,000개쯤 있다. 남해 바닷가는 삐뚤빼뚤하고 움푹움푹 들어간 곳이 많다. 온 세계에서 이렇게 섬이 많고 바닷가가 삐뚤빼뚤한 곳은 남해뿐이다. 물 깊이는 100m 안팎이고 가장 깊은 곳은 210m이다. 동해보다 훨씬 얕고 서해보다는 조금 깊다. 바닷속으로 땅이 완만하게 깊어진다. 그래서 서해보다는 썰물이 덜 빠지고 동해보다는 훨씬 많이 빠진다. 남해는 물이 맑고 따뜻해서 바닷말이 숲을 이루며 잘 자란다.

남해에는 따뜻한 태평양 물이 제주 바다를 거쳐 올라온다. 겨울에도 물 온도가 10도 밑으로 안 내려간다. 그래서 따뜻한 물을 좋아하는 물고기가 많다. 멸치와 고등어가 많고 삼치, 전갱이뿐만 아니라 덩치 큰 다랑어도 떼로 몰려온다. 바닷가 갯바위에는 돌돔, 참돔 같은 물고기가 많이 산다. 남해에는 바닷물고기가 모두 750종쯤 산다.

겨울에는 동해에서 차가운 물이 내려온다. 대구나 청어 같은 물고기가 남해까지도 내려온다. 연어가 낙동강이나 섬진강을 따라 올라가기도 한다. 그래서 남해에는 따뜻한 물에 사는 물고기가 많지만, 겨울에는 차가운 물에 사는 물고기도 볼 수 있다.

제주 바다에 많이 사는 물고기

줄도화돔

옥돔

자리돔

갈치

따뜻한 물을 따라 먼바다를 돌아다니는 물고기

청새치

돛새치

고래상어

쥐가오리

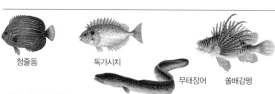

제주 바다에서만 보는 물고기

청줄돔

독가시치

무태장어

쏠배감펭

산호 밭에 사는 물고기

나비고기

흰동가리

깃대돔

곰치

제주 물고기

제주도는 우리나라에서 가장 큰 섬이다. 마라도, 가파도, 우도, 비양도 네 개 섬과 사람이 안 사는 열여섯 개 섬을 거느리고 있다. 북쪽으로는 남해와 서해, 남서쪽으로는 동중국해, 동쪽으로는 남해를 거쳐 동해와 이어진다. 남동쪽으로는 드넓은 태평양과 이어진다.

제주 남쪽 바다는 태평양에서 따뜻한 바닷물이 올라온다. 한겨울에도 바닷물 온도가 10도 밑으로 안 내려간다. 따뜻한 바닷물을 따라 고등어나 갈치가 떼 지어 올라온다. 고등어 떼를 쫓아 덩치 큰 청새치나 돛새치, 고래상어나 쥐가오리도 올라온다. 물이 따뜻해서 열대 바다에 사는 물고기들이 올라와 눌러산다. 나비고기나 흰동가리 같은 열대 고기는 제주 바다에서만 산다. 열대 지역에 사는 무태장어도 제주 바다에서만 볼 수 있다.

제주 바다는 산호가 밭을 이루며 자란다. 우리나라에 사는 산호 가운데 절반 이상이 제주 바다에서 자란다. 산호 밭에는 먹을거리도 많고 몸 숨길 곳도 많아서 물고기들이 많이 모인다. 흰동가리나 샛별돔은 독침을 가진 말미잘에 들어가 숨어 산다. 또 바닷말들이 숲을 이루며 잘 자라서 물고기들이 알을 낳고 새끼가 숨어 지내기에 알맞다. 제주 바다에는 바닷물고기가 750종쯤 산다.

바닷물고기 생김새

몸 생김새

물고기는 저마다 생김새가 다르다. 물고기 생김새를 보면 어디에 사는지, 무엇을 먹는지, 어떻게 헤엄치는지를 헤아려 볼 수 있다.

날씬하다
몸이 날씬해서 헤엄을 잘 친다.

가다랑어　　고등어

옆으로 납작하다
흔히 보는 물고기 몸매다.

참돔　　전어

위아래로 납작하다
바닥에 붙어 산다.

참홍어　　아귀

뱀처럼 길다
돌 틈에 잘 숨는다.

뱀장어　　곰치

몸이 뚱뚱하다
헤엄을 잘 못 친다.

황복　　까치복

몸 구석구석 이름

사람마다 얼굴이나 몸 생김새가 저마다 다른 것처럼, 물고기도 저마다 생김새가 다르다. 하지만 눈, 코, 입, 손, 발 같이 사람 몸 여기저기를 가리키는 이름이 있는 것처럼, 물고기 몸도 요기조기마다 이름이 있다. 물고기는 물에 살면서 진화했기 때문에 다른 동물과 생김새가 사뭇 다르다.

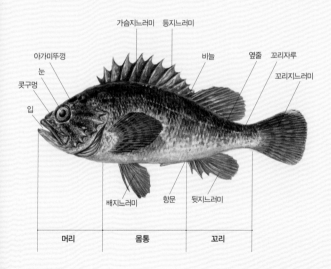

가슴지느러미　등지느러미

비늘　옆줄　꼬리자루

아가미뚜껑

눈　꼬리지느러미

콧구멍

입

배지느러미　항문　뒷지느러미

머리　몸통　꼬리

눈

물고기는 눈이 한 쌍 있다. 사람은 눈꺼풀이 있어서 눈을 깜박깜박한다. 하지만 물고기는 눈꺼풀이 없어서 눈을 감을 줄 모른다. 잠을 자도 눈을 뜨고 잔다. 눈물도 안 흘린다. 숭어나 정어리 같은 물고기는 눈꺼풀처럼 생긴 얇고 투명한 기름 눈꺼풀이 덮여 있기도 하다. 전기가오리나 홍어 같은 물고기는 눈에 무늬가 있는 덮개가 있어서 눈을 보호한다. 대부분 물고기는 몸 양쪽에 눈이 붙어 있다. 사람처럼 두 눈이 앞쪽으로 향하지 않고 옆에 붙어 있어서 서로 다른 곳을 본다. 넙치나 도다리 같이 바닥에 붙어 사는 물고기는 눈이 몸 한쪽으로 쏠리기도 한다. 먹장어는 눈이 살갗 아래 묻혀 있어서 앞을 못 본다.

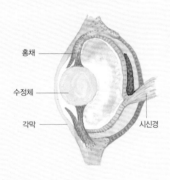

홍채

수정체

각막

시신경

콧구멍

물고기는 사람처럼 코가 우뚝 안 솟고 그냥 구멍만 뻥 뚫렸다. 콧구멍이 참조기처럼 두 개 있기도 하고, 날치처럼 하나 있기도 하고, 농어처럼 네 개 있기도 하다. 사람은 코로 숨을 쉬지만 물고기는 콧구멍이 입과 안 이어지기 때문에 숨을 안 쉰다. 그냥 주머니처럼 옴폭 파여서 물속 냄새를 맡는다. 아주 멀리서 나는 냄새도 잘 맡는다.

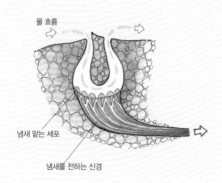

물 흐름

냄새 맡는 세포

냄새를 전하는 신경

입

물고기는 손발이 없다. 모든 먹이는 입으로 잡아먹는다. 그래서 주둥이는 먹이를 잘 잡아먹을 수 있게 생겼다. 물고기마다 주둥이 생김새를 보면 어떻게 먹이를 잡아먹는지 짐작할 수 있다. 나비고기는 주둥이가 툭 튀어나왔다. 준치는 주둥이를 깔때기처럼 앞으로 쭉 내민다. 먹장어는 입이 빨판처럼 동그랗다. 돛새치나 학공치는 입이 꼬챙이처럼 길다. 아귀는 입이 위쪽으로 열리고, 상어나 가오리는 입이 아래쪽에 있다.

입을 벌릴 때 턱뼈가
움직이는 모습이다.

이빨

많은 물고기들은 아래위로 이빨이 나 있다. 상어처럼 뾰족하기도 하고, 혹돔이나 황복처럼 앞니가 튼튼하기도 하다. 이빨은 한 줄로 나거나, 여러 겹으로 겹겹이 나기도 한다. 또 사람과 달리 입천장과 혓바닥, 목구멍에도 이빨이 나 있다. 해마처럼 이빨이 없는 물고기도 있다. 사람처럼 먹이를 잘근잘근 씹기보다 먹이를 물거나 자르거나 단단한 먹이를 부술 때 쓴다.

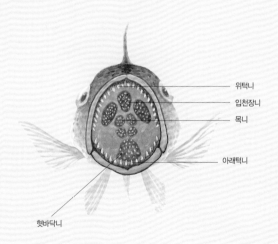

위턱니

입천장니

목니

아래턱니

혓바닥니

아가미

사람은 입과 코로 숨을 쉬지만 물고기는 아가미로 숨을 쉰다. 입으로 물을 들이켜고 아가미로 뱉어 낸다. 아가미에는 가느다란 털이 빗자루처럼 촘촘하게 나 있다. 이 털이 물속에 녹아 있는 산소를 빨아들여 숨을 쉰다. 안쪽으로 듬성듬성 난 돌기는 플랑크톤처럼 작은 먹이를 걸러 낸다. 아가미에는 뚜껑이 있어서 숨을 쉬듯이 뻐끔거린다. 상어는 아가미뚜껑이 없이 세로로 줄이 쭉 나 있고, 칠성장어는 몸 옆에 구멍이 줄지어 뚫려 있다. 짱뚱어는 살갗으로도 숨을 쉰다.

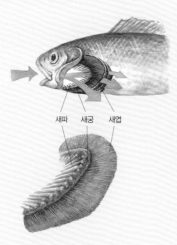

새파   새궁   새엽

새파 작은 먹이를 걸러 먹는다.
새궁 새파와 새엽이 붙어 있는 말랑말랑한 뼈다. 우리말로 '아가미활'이라고 한다.
새엽 물속에 녹아 있는 산소를 빨아들인다.

비늘과 살갗

물고기 살갗은 비늘로 덮여 있다. 여러 비늘이 기왓장처럼 맞물려 붙어 있다. 비늘은 한 번 떨어져도 다시 난다. 또 비늘에는 나이를 먹을수록 나이테가 생긴다. 나이테는 계절에 따라 자라는 속도가 달라서 생긴다. 나이테를 세어 보면 물고기가 몇 살인지 알 수 있다. 비늘은 둥글거나 빗처럼 생겼거나 방패처럼 생겼다. 가시복처럼 비늘이 바늘처럼 바뀐 것도 있고, 뱀장어처럼 아예 비늘이 없어져서 살갗이 미끈거리는 물고기도 있다.

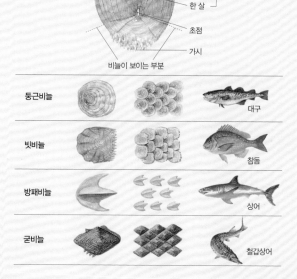

네 살
세 살
두 살
한 살
나이테

초점

가시

비늘이 보이는 부분

둥근비늘			대구
빗비늘			참돔
방패비늘			상어
굳비늘			철갑상어

옆줄

물고기는 몸통 옆으로 옆줄이 아가마뚜껑 뒤부터 꼬리자루까지 나 있다. 옆줄은 눈에 보일 듯 말 듯한 작은 구멍이 늘어선 자국이다. 이 구멍으로 물이 얼마나 따뜻한지 차가운지, 얼마나 깊은지 얕은지, 물살이 얼마나 빠른지 느린지 안다. 대부분 물고기는 옆줄이 한 줄이다. 곧게 뻗기도 하고 활처럼 휘기도 한다. 전갱이처럼 옆줄따라 커다란 비늘이 붙기도 한다. 쥐노래미는 옆줄이 다섯 줄 있고, 참서대는 옆줄이 석 줄 있다. 정어리처럼 옆줄이 없는 물고기도 있다.

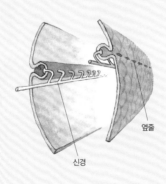

신경

옆줄

부레

　물고기 몸속에 있는 공기주머니를 부레라고 한다. 공기를 넣었다 뺐다 하면 풍선처럼 부풀었다 쪼그라들었다 한다. 부레에 공기를 넣으면 물 위로 뜨고, 공기를 빼면 아래로 가라앉는다. 물고기들은 부레가 있어서 지느러미를 안 움직여도 물속에서 가만히 떠 있을 수 있다. 넙치나 노래미처럼 바다 밑바닥에 사는 물고기는 크면서 부레가 없어진다. 부레는 목구멍이랑 이어지기도 하고, 안 이어지기도 한다. 낚시를 할 때 깊은 물에 살던 물고기가 물낮으로 올라오면 수압이 낮아지면서 부레가 빵빵하게 부풀어 몸을 거꾸로 뒤집는 모습을 볼 수 있다.

물 위로 뜰 때는 공기주머니를
풍선처럼 부풀린다. 아래로
가라앉았을 때는 공기주머니에서
공기를 뺀다.

지느러미

물고기 몸 여기저기에는 지느러미가 있다. 사람 손발처럼 쓰면서 헤엄도 치고 균형도 잡는다. 등을 따라 등지느러미가 있고, 가슴에는 가슴지느러미가 한 쌍, 배에는 배지느러미가 한 쌍, 꼬리가까운 배 밑에 뒷지느러미, 꼬리자루에 꼬리지느러미가 있다. 지느러미에는 딱딱하고 억센 가시와 부드러운 가시줄기가 있고 얇은 막으로 서로 이어진다. 아귀나 쥐치처럼 지느러미 가시가 실이나 가시처럼 바뀌기도 하고, 돛새치나 성대처럼 활짝 펴지기도 한다. 쩍뚱어나 성대는 가슴지느러미를 손처럼 짚고 땅을 기어 다닌다. 등지느러미는 하나로 이어지거나 여러 개로 나뉘기도 한다.

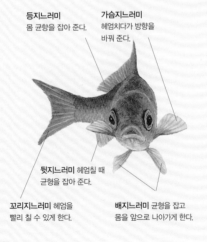

등지느러미
몸 균형을 잡아 준다.

가슴지느러미
헤엄치다가 방향을
바꿔 준다.

뒷지느러미 헤엄칠 때
균형을 잡아 준다.

꼬리지느러미 헤엄을
빨리 칠 수 있게 한다.

배지느러미 균형을 잡고
몸을 앞으로 나아가게 한다.

꼬리

물고기는 꼬리를 양옆으로 힘껏 저어서 앞으로 나아간다. 꼬리를 힘껏 저으려고 온몸을 함께 퍼덕인다. 넓적한 꼬리지느러미 때문에 헤엄을 빨리 칠 수 있다. 꼬리지느러미 끄트머리는 참조기처럼 가운데가 뾰족하게 튀어나오거나, 가다랑어처럼 눈썹달같이 생기거나, 참돔처럼 가위같이 갈라지거나, 대구처럼 자른 듯 반듯하거나 황복처럼 둥그스름하다. 홍어나 가오리처럼 채찍같이 길어진 꼬리도 있다. 까치상어는 꼬리지느러미 위아래 생김새가 다르다.

꼬리지느러미와 온몸을 퍼덕이며 헤엄치는 모습

몸빛

물고기는 자기가 사는 환경에 따라 몸빛이 다르다.

보호색

작은 물고기는 큰 물고기에게 안 잡아먹히려고 눈에 안 띄는 몸빛을 가지고 있다. '보호색'이라고 한다. 거꾸로 어떤 물고기는 다른 물고기를 잡아먹으려고 눈에 안 띄는 몸빛을 가지고 있다. 이곳저곳 돌아다니며 둘레 색깔로 몸빛을 바꾸는 물고기도 있다.

고등어
물낯 가까이 헤엄치는 물고기는 등이
파르스름하고 배가 하얗다.

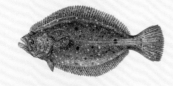

넙치
가자미나 넙치는 모랫바닥에 몸을
숨기고 있다. 모래 색깔이랑 똑같다.

쥐노래미
쥐노래미는 자기 사는 둘레에 따라
몸빛을 밤색, 붉은 밤색, 잿빛 밤색으로
바꾼다.

뱅어
몸이 물처럼 투명해서 있는 듯
없는 듯 잘 안 보인다.

경고색

어떤 물고기는 자기를 건드리면 혼쭐날 거라며 도리어 눈에 띄는 화려한 몸빛을 띠기도 한다. '경고색'이라고 한다. 커다란 무늬로 겁을 주는 물고기도 있다.

쏠배감펭
지느러미 가시에 독이 있다.
큰 물고기도 어쩌지 못하니까
어슬렁어슬렁 헤엄쳐 다닌다.

달고기

세동가리돔

몸에 까만 점무늬가 크게 있다.
커다란 눈처럼 보여서
덩치 큰 물고기를 놀라게 한다.

혼인색

  짝짓기를 할 때가 되면 몸빛이 달라지는 물고기도 있다. '혼인색' 이라고 한다. 암컷과 수컷 몸빛이 다른 물고기도 있고, 어릴 때랑 다 컸을 때랑 몸빛과 무늬가 달라지는 물고기도 있다.

연어
짝짓기 때가 되면 몸빛이
울긋불긋하게 바뀐다.

혼인색

수컷

암컷

혼인색

큰가시고기
수컷은 짝짓기 할 때가 되면
몸빛이 달라진다.

용치놀래기
수컷과 암컷 몸빛이 다르다.
모르고 보면 서로 다른 물고기인
줄 안다.

흉내 내기

다른 물고기 몸빛을 흉내 내는 물고기도 있다. 한자말로 '의태' 라고 한다. 힘센 물고기나 독 있는 물고기나 다른 물고기를 도와 주는 물고기 몸빛을 흉내 낸다.

가짜청소베도라치

청줄청소놀래기

청줄청소놀래기와 가짜청소베도라치
청줄청소놀래기는 큰 물고기 몸을
청소해 준다. 아무리 사납고 덩치 큰
물고기라 해도 제 몸을 깨끗하게 해
주는 청줄청소놀래기를 잡아먹지는
않는다. 가짜청소베도라치는 이런
청줄청소놀래기를 흉내 낸다.

찾아보기

학명 찾아보기

우리말 찾아보기

참고한 책

단행본

《조선의 바다》 국립출판사, 1956

《우리나라의 바다》 리길연 외, 국립출판사, 1960

《우리나라의 수산 자원》 경공업잡지사, 1960

《수산 편람 - 어로편》 수산신문사, 1962

《한국동물도감 - 어류》 문교부, 1961

《바다이야기》 강명환, 과학지식보급출판사, 1963

《조선의 어류》 최여구, 과학원출판사, 1964

《한국어도보》 정문기, 일지사, 1977

《동물원색도감》 과학백과사전출판사, 1982

《한국민족문화대백과사전》 한국정신문화연구원, 1995

《동의보감 5 - 탕액침구편》 허준, 여강출판사, 1995

《물고기의 세계》 정문기, 일지사, 1997

《조기에 관한 명상》 주강현, 한겨레신문사, 1998

《바닷가 생물》 백의인, 아카데미서적, 2001

《한국해산어류도감》 김용억, 한글, 2001

《한국해양생물사진도감》 박홍식 외, 풍등출판사, 2001

《우리바다 어류도감》 명정구, 다락원, 2002

《우리바다 해양생물》 제종길, 다른세상, 2002

《한국의 바닷물고기》 최윤 외, 교학사, 2002

《어류의 생태》 김무상, 아카데미서적, 2003

《증보산림경제》 유중림, 농촌진흥청, 2003

《우해이어보》 김려, 도서출판 다운샘, 2004

《해양생물대백과(1~4)》 한국해양연구원, 2004

《아언각비, 이담속찬》 정약용, 현대실학사, 2005

《한국어류대도감》 김익수 외, 교학사, 2005

《조선동물지 어류편(1, 2)》 과학기술출판사, 2006

《주강현의 관해기(1~3)》 주강현, 웅진지식하우스, 2006

《한국어류검색도감》 윤창호, 아카데미서적, 2007

《현산어보를 찾아서(1~5)》 이태원, 청어람미디어, 2007

《내가 좋아하는 바다생물》 김용서, 호박꽃, 2008

《세계의 바다와 해양생물》 김기태, 채륜, 2008

《바다생물 이름 풀이사전》 박수현, 지성사, 2008

《한국의 갯벌》 고철환, 서울대학교출판부, 2009

《세밀화로 그린 보리 어린이 동물도감》 남상호 외, 보리, 2010

《인생이 허기질 때 바다로 가라》 한창훈, 문학동네, 2010

《자산어보》 정약전, 지식산업사, 2012

《규합총서》 빙허각이씨, 보진재, 2012

《한국의 연안어류》 황철희 외, 아카데미서적, 2013

잡지

《낚시춘추》

《바다낚시》

《월간 낚시21》

그린이

조광현

1959년 대구에서 태어나 홍익대학교에서 서양화를 공부했다. 화가는 틈나는 대로 바닷속에 들어가 물고기 보는 것을 즐긴다. 바닷속 물고기들이 어떻게 생기고 어떻게 살아가는지 두 눈으로 살펴보았다가 그림을 그렸다. 《세밀화로 그린 보리 큰도감 바닷물고기 도감》, 《세밀화로 그린 보리 어린이 갯벌도감》, 《갯벌, 무슨 일이 일어나고 있을까?》에 그림을 그렸다.

글쓴이

명정구

1955년 부산에서 태어났다. 어릴 때부터 바닷가에서 물고기를 잡고 놀았다. 어릴 때 꿈꾸던 대로 1975년 부산수산대학교에 들어가 바닷물고기를 공부했다. 지금은 한국해양연구원에서 우리 바다와 바닷물고기를 연구하고 바다목장 사업을 이끌고 있다. 《세밀화로 그린 보리 큰도감 바닷물고기 도감》, 《우리바다 어류도감》, 《제주 물고기 도감》, 《울릉도, 독도에서 만난 우리 바다 생물》을 썼다.

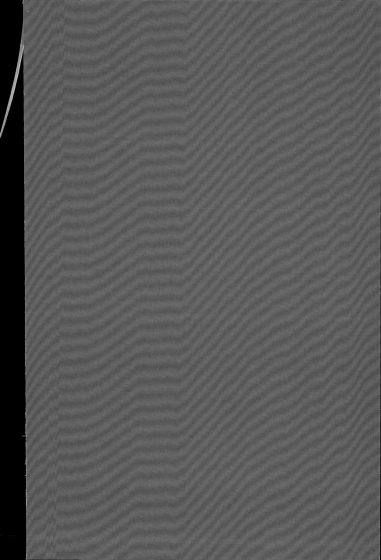